居住空间设计

DESIGN OF LIVING SPACE

主　编　梁海涛
副主编　廖腾峰　　武国鸳
参　编　周何慧芝　李天军　黄舒婷
　　　　甘远东　　刘　威　张小坤

北京理工大学出版社
BEIJING INSTITUTE OF TECHNOLOGY PRESS

内 容 提 要

本书是采用项目式教学法开发的活页式教材，依托校企合作，采用企业案例，按照居住空间设计流程，包含准备模块、实战模块和拓展模块三部分，配套在线课程资源。准备模块设置典型户型设计体验项目，为居住空间设计打好实战基础。实战模块通过实际设计案例，对接岗课赛证要求，针对初学者实际情况，从小户型空间设计项目入手，通过12个任务让初学者体验完整设计流程，最终完成设计作品。拓展模块设置中、大户型空间设计两个项目，可作为小户型空间设计项目的延伸学习，重在结合社会和行业的发展突出软装设计和智能家居设计等设计能力的培养。

本书可作为高等职业院校建筑室内设计、室内艺术设计、环境艺术设计等专业教材，也可供相关行业的从业人员参考使用。

图书在版编目（CIP）数据

居住空间设计 / 梁海涛主编.--北京：北京理工
大学出版社，2024.2
　ISBN 978-7-5763-3572-9

　Ⅰ.①居…　Ⅱ.①梁…　Ⅲ.①住宅－室内装饰设计－
高等学校－教材　Ⅳ.①TU241

　中国国家版本馆CIP数据核字（2024）第042329号

责任编辑：李　薇		**文案编辑**：李　薇	
责任校对：周瑞红		**责任印制**：王美丽	

出版发行 / 北京理工大学出版社有限责任公司

社　　址 / 北京市丰台区四合庄路6号

邮　　编 / 100070

电　　话 / （010）68914026（教材售后服务热线）
　　　　　　（010）68944437（课件资源服务热线）

网　　址 / http：//www.bitpress.com.cn

版 印 次 / 2024年2月第1版第1次印刷

印　　刷 / 河北鑫彩博图印刷有限公司

开　　本 / 889 mm×1194 mm　1/16

印　　张 / 11.5

字　　数 / 298千字

定　　价 / 98.00元

FOREWORD 前 言

　　衣食住行是人们日常生活中最基本的需求，党的二十大报告再次明确了在"增进民生福祉，提高人民生活品质"的框架下，坚持"房子是用来住的、不是用来炒的"定位，这也对居住空间设计提出了更高的要求，同时也让人们对居住空间设计的发展前景充满信心。

　　室内设计行业需要大量的设计人才，但学生从学校走向企业岗位往往需要一个适应期，刚开始很难达到设计师岗位的要求，调查发现越早接触企业的学生，适应期越短。这也是我们积极开展校企合作，并基于设计师岗位的要求设定实际项目，并按设计流程设置任务开展项目化教学的初衷。广西工业职业技术学院和广西爱阁工房家居有限公司开展校企合作，共建产业学院，共同开发适应室内设计师培养的教材，在本书中企业提供了居住空间设计实际项目案例，旨在通过项目化教学，培养适应设计师岗位要求的高素质技术技能型人才。

　　本书从职业教育角度出发，强调居住空间设计应用能力的培养，设置准备模块、实战模块和拓展模块，通过项目化教学，结合企业真实项目，按小、中、大三种空间户型设计，按设计流程循序渐进地完成居住空间设计项目，可以根据学情设置独立的小户型空间设计项目，让学生掌握居住空间设计的基本流程；也可以根据学生个人能力进行有针对性的教学，紧跟时代发展，在中、大户型设计中重点考查软装设计、智能家居设计等设计任务。本课程教学团队开发了"居住空间设计"在线课程，教师可以根据实际情况结合线上课程开展教学。

　　另外，我们也鼓励教材使用者在进行实操项目时积极弘扬中华优秀传统文化，强调中式元素的应用，并结合区域特色，设定设计要求，引导学生守正创新，进行创新性的中式风格设计尝试。

　　本书适用于高等职业院校建筑室内设计、室内艺术设计、环境艺术设计等专业。

　　本书在编写过程中参考了相关书籍和资料，在此一并向相关作者致以诚挚的谢意。

　　由于编者水平有限，本书难免存在疏漏之处，恳请各位读者批评指正。

编　者

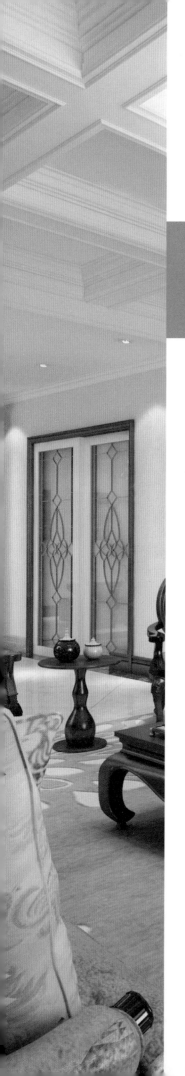

CONTENTS 目录

目 录 CONTENTS

准备模块

项目 **1**
典型户型设计项目初体验

◎ **项目说明**

　　本项目将进行居住空间设计前导知识学习和基本设计技能培养，使学生能从总体上把握居住空间设计的业务流程、主要设计风格、人体工学分析与应用和进行设计前期准备。

◎ **知识目标**

　　1. 知晓室内设计业务流程。

　　2. 讲述室内设计主要的设计风格。

　　3. 记住居住空间设计时必要的人体工学知识。

◎ **技能目标**

　　1. 掌握项目洽谈的要点，并能通过沉浸式洽谈模拟，记录洽谈要点并展开业主信息分析。

　　2. 掌握量房的方法，能进行现场户型绘制。

　　3. 能对原始户型进行简要的人体工学分析。

◎ **素质目标**

　　1. 感受项目现场，执行任务，培养项目现场安全意识和劳动精神。

　　2. 通过人体工学分析、树立以人为本的设计意识。

　　3. 关注新中式设计风格，将中华优秀传统文化传承与设计创新结合起来。

任务 1-1　室内设计业务流程体验

1. 室内设计业务流程

要开展室内设计业务，首先必须了解实际操作中的室内设计业务流程。居住空间设计业务流程如图 1-1 所示。

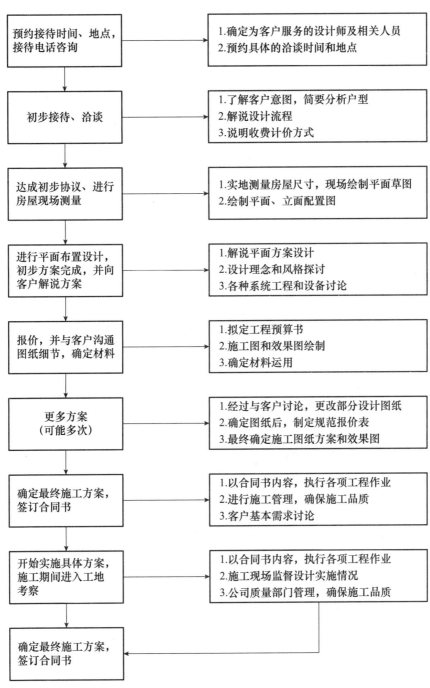

图 1-1　室内设计业务流程图

2. 需要掌握的技能

　　某装饰公司设计部总监绘制了一个室内设计工作流程，包括了成为室内设计师需要掌握的技能，如图 1-2 所示。

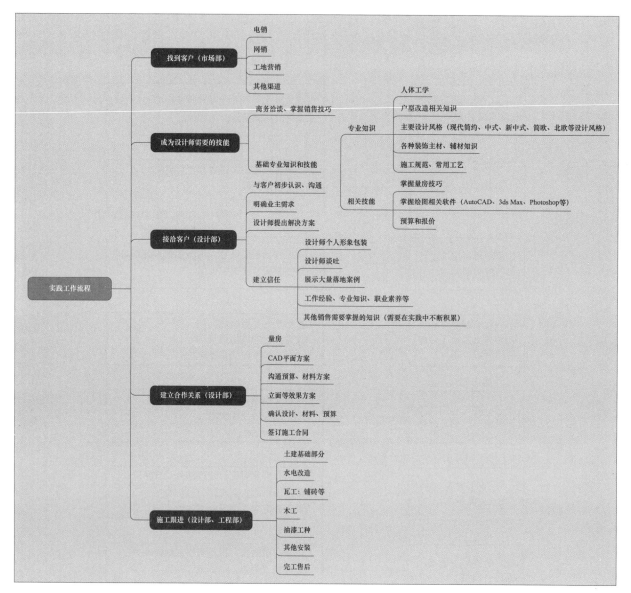

图 1-2　某装饰公司室内设计工作流程

要成为一名设计师，需要掌握以下知识和技能：

（1）学会商务洽谈，掌握销售技巧：

1）与业主初步认识沟通。

2）了解业主需求。

3）设计师提出解决方案。

（2）建立信任包含以下几点：

1）设计师个人形象包装。

2）设计师谈吐。

3）展示成功案例。

4）展示工作经验、专业知识、职业素养等。

5）掌握销售需要掌握的其他知识，便于和业主更好地沟通。

（3）掌握以下知识和技能：

1）知识。

①熟悉人体工程学。

②户型改造相关知识。

③各种设计风格知识（中式、新中式、现代简约、轻奢、美式等）。

④各种主材、辅材电器材质运用及价格。

⑤施工规范、各种工艺。

2）技能。

①量房。

②绘图（含手绘方案）。

③掌握相关软件操作和云设计平台：AutoCAD、3ds Max、Photoshop、酷家乐等。

④确定材料方案。

⑤预算。

3. 实战练习

请根据本任务的学习内容，按照设计流程，使用书末所附活页开展实战练习。

任务 1-2 项目洽谈

室内设计师在整个设计流程中都需要与业主进行良好沟通，以实现签单和顺利实施设计方案，因此室内设计师需要提高洽谈沟通能力。

1. 需要掌握的沟通技巧

（1）了解家装行业和家装市场的特点及最新动态，特别是家装市场吸引客户的举措。

（2）了解其他装饰公司，特别是竞争对手的基本情况，把握其弱点及劣势。

（3）要对公司有全面了解，全面把握公司的特点、优势，越细、越深刻越好。善于利用公司在家装市场上的各种优势及条件。

（4）加深对自己的认识，主要从沟通洽谈能力、专业技能、服务质量、责任心等方面，找出自己的长处与不足，给自己合理的定位，明确自我提高的方向，要有战胜自我的意识。

（5）掌握常用装饰材料的特点、价格，掌握复杂装饰物的工艺做法、用工量及各工种的价格。了解新型装饰材料及使用的流行趋势、家居的建筑结构和空间变化等。

（6）了解不同时期客户的不同需求，准确把握客户的心理，有针对性地补充这方面的知识。

（7）结合自己的优势，善于使用沟通交流的多种方式。耐心＋真诚，不卑不亢，既稳重大方又热情随和。

（8）充分利用家装市场及装饰公司的软硬件资源，资源共享，如公司的场所、计算机、车辆及其他一些可利用的资源。

（9）必须在沟通上下功夫，沟通的好坏直接关系到签单的数量，直接关系到公司利益和个人利益。没有良好的沟通，就没有自我的生存空间和发展空间，要把沟通当作一门学问来研究。

（10）提供"优质服务"是每个设计师必须了解并努力的方向，它包括室内设计的全程服务意识。

2. 室内设计师谈单技巧

（1）初次见面时大概了解业主的个人情况、家庭状况及对装修的总体要求，无须过多谈论细节，约定客户测量房子（图 1-3）。

（2）测量时，详细询问并记录客户的各项要求，针对自己较有把握的地方提出几点建议，切勿过多表达自己的想法，因为你的想法此时尚未成熟。切勿强烈而直接地反驳客户意见，反对意见可留至第二次细谈方案时，以引导方式表达出来，因为此时你已对方案考虑得较为成熟，提出的建议客户会认为有根有据、很有分量。

（3）一定要牢记客户最关心的设计项目，给客户留下你对他极为重视的印象。

（4）无须盲目估计总造价，先要了解客户心里的底价，可以告知客户报价根据材料、施工工艺、工人工费等方面得出，以便最快设计出接近客户想法和承受能力的方案。

（5）设计时首先要进行现场核准（量房）、绘制基本的平面方案，可辅以各种材料（如面板、玻璃样板等）以及书面资料来解释方案。

（6）设计方案时，要根据业主的身份、爱好进行大概的定位再设计，设计方案要依据业主的总造价进行控制，如总造价仅 3 万元的基础装修，就没有必要将过多精力投放在设计方面。

（7）每次谈方案必须确定一些项目，如面板、地面、家具等，切勿一次一次不确定任何项目而浪费时间，有时甚至需要略带强制性地要求客户确定下一步方案，因为很多客户对方案会一直犹豫不决，可以告诉业主如果以后再有变动，可放于变更中。

（8）方案初谈过后，业主要求细致方案，这就进入委托设计阶段。此阶段应收取部分订金，尤其是要求做效果图（室内设计效果表现图）的，要收取适当的订金（视作图量及复杂程度而定），报价也要在此时做出。

（9）细化方案。要协调好与效果图绘制者的交流，以避免效果图未能表达出设计效果，反而适得其反。

（10）细谈方案（图 1-3）。一般要有 3 ～ 4 次的修改，要坚持自己的意见，尽量说服业主，但业主坚持不变的也不要反驳，因为房子毕竟是业主自己住的。

（11）签订合同时，详细制作工艺质量说明。因为工艺质量说明不只是给业主看的，也是给自己一份详细的资料。施工工艺不明之处要请教工程部，切勿模糊带过。

图 1-3　室内装饰公司现场洽谈

3. 学习情境

某商业楼盘新交房 142 m² 住宅一套，户型平面图如图 1-4 所示。

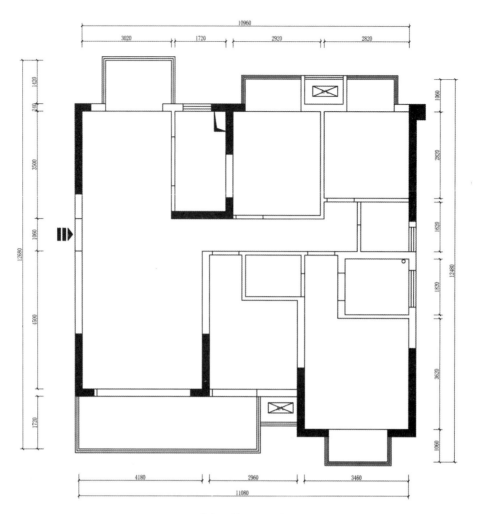

图 1-4　某商业楼盘新交房户型图

业主背景：业主一家四口，有两个小孩，女孩 8 岁，爱好弹钢琴。男孩 12 岁，擅长写毛笔字。男主人与女主人都是教师，喜欢旅游。业主要求预留出书房客房，设计风格为新中式风格。

你的任务：你是某装饰工程设计有限公司的设计师，在楼盘现场为业主提供装饰设计咨询，邀约了该业主到公司洽谈，你将如何进行这次洽谈并尽可能完成项目签约呢？

4. 实战练习

请根据本任务的学习内容，按照设计流程，使用书末所附活页开展实战练习。

任务 1-3 新中式、现代简约风格体验

室内装饰风格是以不同的文化背景及不同的地域特色为依据，通过各种设计元素来营造一种特有的装饰风格。从建筑风格衍生出多种室内设计风格，根据设计师和业主的审美和爱好，又有各种不同的变化延伸风格。

设计师进行居住空间设计必须掌握必要的设计风格知识，尤其是当前流行的设计风格。这样才能和业主进行融洽的交流，引导并满足业主的需求。在后期的设计实施中能根据相关的设计风格特点，从材质、色彩、形式、陈设、照明等方面呈现准确到位的设计风格，达到设计目的。下面介绍当前流行的几种主要设计风格。

1. 新中式风格

（1）风格概述。20世纪末，随着我国经济的不断发展，在室内设计中涌现出了各种设计理念，我国有五千多年的优秀传统文化，中式风格一直在居住空间设计中占据着重要地位，在欧美设计风兴起时，我们也始终从中国传统文化的角度审视身边的事物，随之而起的中式风格设计也被众多的设计师融入其设计理念，党的二十大报告提出，坚持和发展马克思主义，必须同中华优秀传统文化相结合。只有植根本国、本民族历史文化沃土，马克思主义真理之树才能根深叶茂。作为室内设计师，也有必要结合设计工作，传承中华优秀传统文化，守正创新，深刻认识和掌握新中式风格在居住空间设计中的运用。

新中式风格以中华优秀传统文化传承为基调，提炼典型中式元素，结合现代设计理念，在现代室内设计应用中焕发出了强大的生命力。

首先，人们在现代社会受到多元文化的影响，会自然产生以中华传统文化为内在核心元素的心理需求，新中式风格在居住空间设计中的应用就是其中一种心理依托，它不是传统文化元素的简单叠加，而是亲近自然、朴实亲切且内涵丰富的设计样式。其次，随着人们生活水平的不断提高，人们对住的要求越来越高，中华传统文化本身所具有的和谐泰然重新被人们重视起来，结合当代人的审美需求，新中式设计风格应运而生，传统的设计风格重新焕发生命力（图1-5）。

新中式风格是中式元素与现代材质巧妙兼容的布局风格，它和明清家具、窗棂、布艺床品相互辉映，经典地再现了移步变景的精妙小品。新中式风格还继承明清时期家居理念的精华，将其中的经典元素提炼并加以丰富，同时摒弃原有空间布局中等级、尊卑等封建思想，给传统家居文化注入了新的气息。

新中式风格主要包括两方面的基本内容：一是中国传统风格文化意义在当前时代背景下的演绎；二是对中国当代文化充分理解基础上的当代设计。新中式风格不是纯粹的传统元素堆砌，而是通过对传统文化的认识，将现代元素和传统元素结合在一起，以现代人的审美需求来打造富有传统韵味的事物，让传统艺术在当今社会得到合理的体现。

新中式风格设计要点：中国风的构成主要体现在传统家具（多为明清家具为主）、装饰品及黑、红为主的装饰色彩上。室内多采用对称式的布局方式，格调高雅，造型简朴、优美，色彩浓重而成熟。

中国传统室内陈设包括字画、匾幅、挂屏、盆景、瓷器、古玩、屏风、博古架等，追求一种修身养性的生活境界。中国传统室内装饰艺术的特点是总体布局对称均衡，端正稳健，而在装饰细节上崇尚自然情趣，花鸟、鱼虫等精雕细琢，富于变化，充分体现出中国传统美学精神（图1-6）。

图1-5　新中式风格卧室

图1-6　中式元素在客厅的应用

中国传统居室非常讲究空间的层次感，这种传统的审美观念在新中式装饰风格中，又得到了全新的阐释。依据住宅使用人数和私密程度的不同，需要做出分隔的功能性空间，采用"垭口"或简约化的"博古架"来区分；在需要隔绝视线的地方，使用中式的屏风或窗棂，通过这种新的分隔方式，住宅就展现出中式家居的层次之美（图1-7）。

使用新中式装饰风格，不仅需要对传统文化谙熟于心，而且要对室内设计有所了解，还要使二者的结合相得益彰。有些中式风格的装饰手法和饰品不能乱用，否则会带来居住上的不适，甚至会贻笑大方。

图1-7　中式隔断

（2）应用新中式风格应注意：

1）不是复古元素简单堆砌。新中式装修并不是传统文化的复古装修，而是在现代的装修风格中融入古典元素。它不是"1+1=2"的简单堆砌，而是设计师根据经验、驾驭设计元素的能力以及对所面对的业主的深度分析后得出的一套量身定制的方案。

2）对空间色彩进行通盘考虑。

①中式家具和饰品或颜色较深，或非常艳丽，在安排它们时需要对空间的整体色彩进行通盘考虑。另外，中式装修讲究的是原汁原味和非常自然和谐的搭配。

②如果只是简单的构思和摆放，其后期效果将会大打折扣。装修的色彩一般会用到棕色，这种颜

色特别古朴、自然。但如果房屋整个色调都是棕色，就会给人压抑的感觉。

3）摆放传统物品莫"张冠李戴"。使用中式传统元素一定要搞清楚它的来源，切忌胡乱搭配，如传统元素的时代不要错位，传统器件的功能要分清，中式传统装饰材料使用要统一和符合时代特点。

4）中式风格家装应注意的问题。

①中式装修的墙、地面与普通装修没什么区别。墙面用白色乳胶漆或浅色壁纸都可以，地面使用木地板、石材、地砖、地毯均可。

②中式装饰材料以木质为主。讲究雕刻彩绘、造型典雅，多采用酸枝木或大叶檀等高档硬木，经过工艺大师的精雕细刻，每件作品都有一段精彩的故事。而每件作品都能令人对过去产生怀念，对未来产生一种美好的向往。

③色彩以深色沉稳为主。因中式家具色彩一般比较深，这样整个居室色彩才能协调。再配以红色或黄色的靠垫、坐垫就可烘托居室的氛围，这样也可以更好地表现古典家具的内涵。

④空间上讲究层次，多用隔窗、屏风来分割。用实木做出结实的框架，以固定支架，中间用棂子雕花，做成古朴的图案。门窗对确定中式风格很重要，因中式门窗一般是用棂子做成方格或其他中式的传统图案。用实木雕刻成各式题材造型，打磨光滑，富有立体感。天花以木条相交成方格形，上覆木板，也可做简单的环形吊顶，用实木做框，层次清晰。

（3）新旧区别。新中式风格是传统中式家居风格的延续与创新，通过提取传统家居的精华元素和生活符号进行合理的搭配、布局，在整体的家居设计中既有中式家居的传统韵味，又符合了现代人们居住的生活特点，让古典与现代完美结合、传统与时尚并存。

简单来说，新中式风格就是在中式风格的基础上，对一些比较繁杂的中式元素进行了创新和简化，或者增加一些现代元素。作为现代风格与中式风格的结合，新中式风格更符合当代年轻人的审美观点，所以新中式风格装修越来越受到年轻人的青睐。

2. 现代简约风格

现代简约风格是以简约为主的装修风格。简约主义源于20世纪初期的现代主义。现代主义源于包豪斯学派，包豪斯学派始创于1919年德国魏玛，创始人是瓦尔特·格罗佩斯（Walter Gropius），包豪斯学派提倡功能第一的原则。

包豪斯学派在产品设计上提出适合流水线生产的家具造型，在建筑装饰上提倡简约，简约风格的特色是将设计的元素、色彩、照明、原材料简化到最少的程度，但对色彩、材料的质感要求很高。因此，简约的空间设计通常非常含蓄，往往能达到以少胜多、以简胜繁的效果（图1-8）。

（1）风格概述。现代家庭简约装修风格有以下几点含义：

1）简约不等于简单，它是深思熟虑后经过创新得出设计和思路的延展，不是简单"堆砌"和平淡"摆放"，不像有些设计师粗浅理解的"直白"，比如床头背景设计有些简约到只有一个挂件，但是它凝结着设计师的独具匠心，既美观又实用。

2）在家具配置上，白亮光系列家具，独特的光泽使家具倍感时尚，具有舒适与美观并存的享受。在配饰上，延续了黑白灰的主色调，以简洁的造型、完美的细节，营造出时尚、前卫的感觉（图1-9）。

图 1-8 现代简约风格卧室　　　　　　　　　　　图 1-9 现代简约风格客厅

3）家庭的简约不只在装修方面，还反映在家居配饰上的简约，比如不大的屋子，就没有必要为了显得"阔绰"而购置体积较大的物品，而应该配置不占面积、可折叠、多功能等物品。

4）装修的简约一定要从务实出发，切忌盲目跟风而不考虑其他因素。简约的背后也体现一种现代消费观，即注重生活品位、注重健康时尚、注重合理节约科学消费。

（2）设计理念。

1）现代风格强调外形简洁、功能强，强调室内空间形态和物件的单一性、抽象性。

2）现代简约风格，顾名思义，就是让所有的细节看上去都是非常简洁的。装修中极简便是让空间看上去非常简洁、大气。装饰的部位要少，但是在颜色和布局上，在装修材料的选择搭配上需要多思考（图 1-10）。

3）现代简约风格的装修风格迎合了年轻人的喜爱，都市忙碌生活早已经让人们烦腻了花天酒地、灯红酒绿，人们更喜欢一个安静、祥和，看上去明朗、宽敞、舒适的家，来消除工作的疲惫，忘却都市的喧闹。

（3）设计手法。简约并不是缺乏设计要素，它是一种更高层次的创作境界。在室内设计方面，不是要放弃原有建筑空间的规矩和朴实，去对建筑载体进行任意装饰，而是在设计上更加强调功能，强调结构和形式的完整，更追求材料、技术、空间的表现深度与精确。用简约的手法进行室内创造，更需要设计师具有较高的设计素养与实践经验，需要设计师深入生活、反复思考、仔细推敲、精心提炼，运用最少的设计语言，表达出最深的设计内涵。删繁就简，去伪存真，以色彩的高度凝练和造型的极度简洁，在满足功能需要的前提下，将空间、人及物进行合理、精致的组合，用最洗练的笔触，描绘出最丰富动人的空间效果，这是设计艺术的最高境界。

（4）风格特点。

1）家具特点。

①强调功能性设计，线条简约流畅，色彩对比强烈，这是现代风格家具的特点（图 1-11）。

②大量使用钢化玻璃、不锈钢等新型材料作为辅材，也是现代风格家具的常见装饰手法，能给人带来前卫、不受拘束的感觉。

③由于线条简单、装饰元素少，现代风格家具需要完美的软装配合，才能显示出美感。例如，沙发需要靠垫、餐桌需要餐桌布、床需要窗帘和床单陪衬，软装到位是现代风格的关键（图 1-12）。

图 1-10　现代简约风格卧室

图 1-11　现代简约风格家具

图 1-12　现代简约风格软装搭配

2）风格特点。

①室内空间开敞、内外通透，在空间平面设计中追求不受承重墙限制的自由。

②室内墙面、地面、顶棚以及家具陈设乃至灯具器皿等均以简洁的造型、纯洁的质地、精细的工艺为其特征。

③尽可能不用装饰和取消多余的东西，认为任何复杂的设计，没有实用价值的特殊部件及任何装饰都会增加建筑造价，强调形式应更多地服务功能。

④建筑及室内部件尽可能使用标准部件，门窗尺寸根据模数制系统设计。

⑤室内常选用简洁的工业产品，家具和日用品多采用直线，玻璃金属也多被使用。

3）饰品特点。现代简约风格饰品是所有家装风格中最不拘一格的。一些线条简单、设计独特甚至极富创意和个性的饰品都可以成为现代简约风格家装中的一员。

3. 项目体验

以下为企业实际项目：某楼盘三房户型设计，设计风格为新中式风格。

（1）设计理念。尊重而不固守，传承又施以创新。随着国潮和古风的再次兴起，让很多人都开始回归追求千年沉积的传统文化和底蕴。传统文明和现代元素的灵感碰撞，使新中式风格既有国风气韵又融入现代美学，整体贯穿"天圆地方"的设计不同于以往纯中式红的浓烈，也不仅限于雕龙画凤，清新淡雅更可谓国人含蓄婉转的浪漫表达。

（2）案例体验（图1-13～图1-16）。

客厅

空间采用灰色瓷砖地板，营造光泽质感。木质沙发、茶几造型简单古朴且整体偏矮，从视觉上延伸了客厅的高挑感。整体空间将古典元素融入现代设计风格，展现出新中式的独特韵味。

餐厅与会客厅互相衔接，以此勾勒舒坦的动线。不同于中式风格的繁复，新中式风格的餐厅充分融合设计概念的主题和现代审美观，更为简约与实用。餐边柜留出了操作台，用来摆放水杯、小家电等物品，透明柜门与掩门搭配，营造出虚实结合的空间氛围，光影流转巧妙地提升了餐厅的格调。

餐厅

图1-13　新中式风格客厅

图1-14　新中式风格餐厅

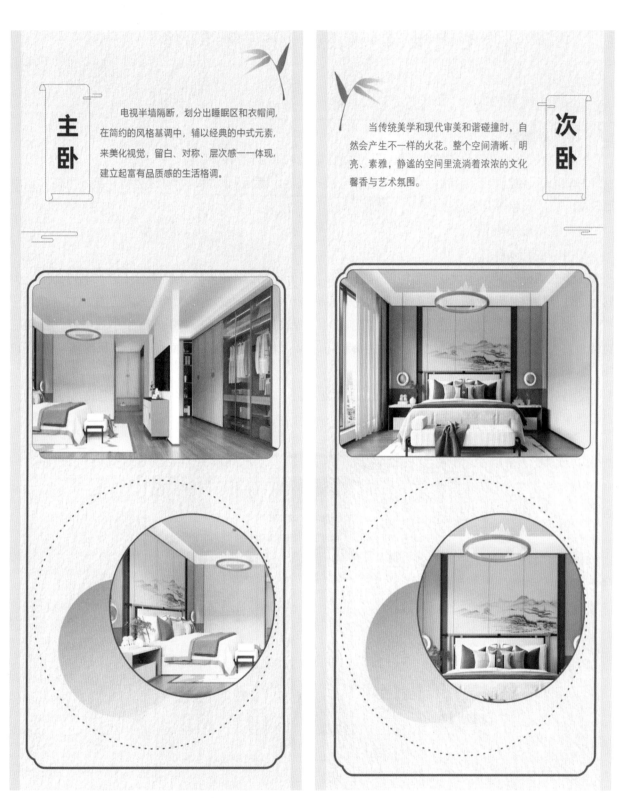

主卧 电视半墙隔断，划分出睡眠区和衣帽间，在简约的风格基调中，辅以经典的中式元素，来美化视觉，留白、对称、层次感——体现，建立起富有品质感的生活格调。

次卧 当传统美学和现代审美和谐碰撞时，自然会产生不一样的火花。整个空间清晰、明亮、素雅，静谧的空间里流淌着浓浓的文化馨香与艺术氛围。

图 1-15 新中式风格主卧   图 1-16 新中式风格次卧

4. 实战练习

请根据本任务的学习内容，按照设计流程，使用书末所附活页开展实战练习。

任务 1-4　简欧、北欧风格体验

1. 简欧风格

（1）风格概述。

1）简欧风格就是简化了的欧式风格，也是住宅装修非常流行的风格。

2）欧式风格泛指欧洲特有的风格，主要有法式风格、意大利风格、西班牙风格、英式风格、地中海风格、北欧风格等几大流派。

（2）表现形式。

1）柱式的形成。

①多立克柱式最早出现在希腊的波塞冬神庙，建于公元前 460 年，主要流行于意大利西西里。多立克的性格特点是男性化，刚硕，雄健，柱头简洁，20 个槽数，线脚少，体积感强 [图 1-17（a）]。

②爱奥尼克柱式最早在公元前 432 年建成的巴特农神庙中出现，主要流行于小亚细亚。爱奥尼克的性格特点是女性化，清秀，柔美，柱头精巧，24 个槽数，有多种曲面线脚，体积感弱 [图 1-17（b）]。

③科林斯柱式出现较晚，大约在公元前 5 世纪末叶，它的柱头是由忍冬草的叶片组成，宛如花篮，是爱奥尼克式柱式的变体 [图 1-17（c）]。

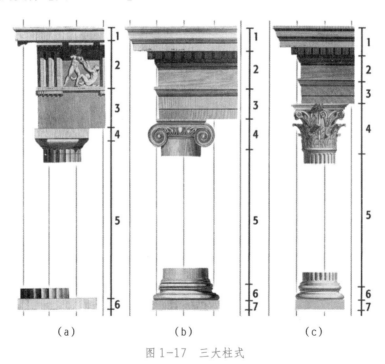

（a）　　　　　　　　（b）　　　　　　　　（c）

图 1-17　三大柱式

（a）多立克柱式；（b）爱奥尼克柱式；（c）科林斯柱式

④除此之外，《建筑十书》的作者——古罗马建筑师维特鲁威提出一种托斯卡纳柱式，文艺复兴时期的阿尔贝蒂又增加了混合柱式。正确地认识和运用这五种柱式是欧洲建筑艺术的基础，也是室内设计中的重要元素。

2）券拱技术和结构的形成。

①希腊的柱式主要功能是承重，而罗马人发明了券拱墙，最终罗马人用梁柱结构的形式去装饰券拱墙，长期的实践结果产生了一种全新的券柱式建筑语汇，柱的承重功能消失了，代之以装饰功能。

②拱和券（罗马券）在建筑中形成了，券柱式成了古罗马建筑的基本语汇。大理石建筑精湛的雕刻艺术性装饰，马赛克的镶嵌艺术都是罗马艺术的基本特点（图1-18）。

图1-18　拱和券

3）穹顶和帆拱的结合。独特的拜占庭建筑语汇，穹顶的平衡是这种风格的第二特征。从方形的构图上举起圆形的穹顶的技术来自波斯建筑，罗马万神庙是这种构图的典范（图1-19）。

图1-19　万神庙和穹顶

4）形制与结构。哥特式建筑的形制与结构是在罗马建筑基础上完成的第二次结构艺术的飞跃。集十字拱、骨架券、双圆心尖拱、尖券等做法和利用扶壁支撑拱顶侧推力的结构出现了（图1-20）。

简欧风格使用以上元素的简化形式，一方面保留了材质、色彩的大致风格，仍然可以很强烈地感受传统的历史痕迹与浑厚的文化底蕴，另一方面又摒弃了过于复杂的肌理和装饰，简化了线条。

2. 北欧风格

（1）风格概述。

1）北欧风格是指欧洲北部国家挪威、丹麦、瑞典、芬兰及冰岛等国的艺术设计风格，北欧风格起源于斯堪的纳维亚地区的设计风格，因此也被称为"斯堪的纳维亚风格"。北欧风格具有简约、自然、人性化的特点。

2）北欧属于高纬度地区，冬季漫长且缺少阳光的照射，因此在室内空间设计上，尽量将阳光引进室内。室内空间的格局没有过多的转折或拐角，并且色调往往以纯净的色彩为主，如白色墙面的大量运用，有利于光线反射，使房间显得更加宽敞、明亮。北欧设计既注重设计的实用功能，又强调设计中的人文因素，同时避免过于刻板的几何造型或者过分装饰，恰当运用自然材料并突出自身特点，开创一种富有"人情味"的现代设计美学。在北欧设计中，崇尚自然的观念比较突出，从室内空间设计到家具的选择，北欧风格都十分注重对本地自然材料的运用（图1-21）。

图1-20　哥特式建筑

图1-21　北欧风格客厅

（2）特点介绍。

1）配色方面。

①北欧风格的家居配色浅淡、洁净、清爽，给人一种视觉上的放松。背景色大多为无彩色，也会出现浊色调的蓝色、淡山茱萸粉等。点缀色的明度稍有提升，如明亮的黄色、绿色都是很好的调剂色彩。此外，北欧风格还会用到大量的木色来提升自然感，以及利用黄铜色的装饰来体现精致与时尚。

②北欧风格与装饰艺术风格等追求时髦和商业价值的形式主义不同，北欧风格简洁实用，体现对传统的尊重，对自然材料的欣赏，对形式和装饰的克制，以及力求在形式和功能上的统一；在建筑室内设计方面，就是室内的顶、墙、地三个面，完全不用纹样和图案装饰，只用线条、色块来区分点缀。

2）造型图案应用方面。北欧风格在家居装修方面，室内空间大多横平竖直，基本不做造型，体现风格的利落、干脆。灯具造型一般不会过于花哨，常见的有魔豆灯、钓鱼落地灯、几何造型灯具，北欧神话中六芒星、八芒星等。北欧风格的图案特色大多体现在壁纸和布艺织物上，往往为简练的几何图案，极少会出现繁复的花纹，常见的图案包括棋格、三角形、箭头、菱形花纹等。另外，麋鹿和绿植也是北欧风格的常见图案。

3）材料选用方面。天然材料是北欧风格室内装修的灵魂，如木材、板材等，其本身所具有的柔和色彩、细密质感以及天然纹理非常自然地融入家居设计之中，展现出一种朴素、清新的原始之美，象征着独特的北欧风格。另外，陶瓷、玻璃、铁艺等常作为装饰品或绿色植物的容器，出现在北欧风格的居室中，同样保留了材质的原始质感，体现出北欧人对传统手工艺和天然材料的喜爱。

4）家具特征及常见种类。在家具设计方面，就产生了完全不使用雕花、纹饰的北欧家具，实际上的家具产品也是形式多样。如果说它们有什么共同点，那么一定是简洁、直接、功能化且贴近自然，一份宁静的北欧风情，但有些家具的线条较为柔和，会出现流线型的座椅、单人沙发等，彰显北欧风格的人性化特征。北欧家具一般比较低矮，以板式家具为主，材质上选用桦木、枫木、橡木、松木等不曾精加工的木料，尽量不破坏原本的质感。另外，以人为本也是北欧家具设计的精髓。北欧家具不仅追求造型美，更注重从人体结构出发，讲究它的曲线如何在与人体接触时达到完美的结合。

5）装饰品及摆放。室内装修北欧风格注重个人品位和个性化格调，饰品不会很多，但很精致。常见简洁的几何造型或各种北欧地区的动物。另外，鲜花、干花、绿植是北欧家居中经常出现的装饰物，不仅契合了北欧家居追求自然的理念，而且可以令家居环境更加清爽。

3. 实际项目风格体验

以下为企业实际项目：某楼盘户型设计，设计风格为北欧风格。

（1）设计理念：以原木色表达主要装饰材质，体现北欧风格特有的温暖感，家具造型简洁美观，颜色明快，充分体现舒适感。

（2）项目现场体验（图1-22～图1-24）。

图1-22 北欧风格客厅

图1-23 北欧风格书房

图 1-24 北欧风格卧室

4. 实战练习

请根据本任务的学习内容，按照设计流程，使用书末所附活页开展实战练习。

任务 1-5 量房

1.核准现场是设计成功的先决条件

在承接室内设计项目时通常有两种情况：一是建筑框架墙体已基本完成，客户委托室内设计师介入设计工作；二是在建筑方案阶段，建筑师或客户邀请室内设计师早期介入，一起对即将开展的建设项目进行设计探讨。

第二种情况往往对设计构思创作的综合能力要求较高，一些具有预见性的建议会对建筑的结构应用以及设备协调有非常重要的影响，能减少许多由建造环节不协调或不当所造成的无效成本，它是建筑设计组合的最佳创作方式，能创作出相对完美的空间及细节，值得推广。不管图纸深度进行到何种阶段，当建筑现场真正具备时，第二种情况仍需认真核对现场尺寸，检查图纸尺寸与建筑现场的误差，及时修正与现场不符的设计。

室内设计所实施的所有表面装饰工程质量的好坏都源于对建筑现有条件的了解和对隐蔽工程的合理处理，所有图纸必须充分考虑各种管线梁柱的因素，选用合理的工艺、材料进行包覆及装饰，能避免纸上谈兵式的无谓劳动。核准现场对以后所有以核对现场图纸为基础派生出来的设计图纸有重要的保证和可实施性，是整个设计过程中非常重要的一环。

2.量房工具

（1）夹板或平板电脑。除了使用传统的夹板，随着科技的发展，现在可以使用便携式平板电脑进行，更为高效便捷，还可以节省纸笔等耗材，绿色环保（图1-25、图1-26）。

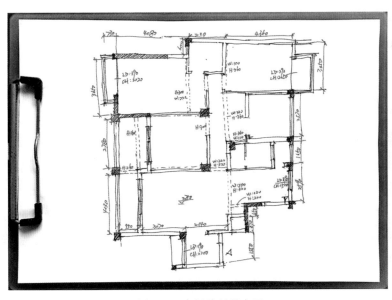
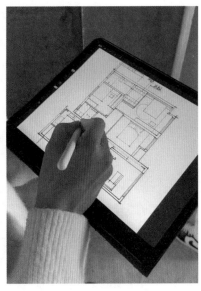

图1-25 夹板绘制量房图　　　　　图1-26 平板电脑绘制量房图

（2）两支以上颜色不同的笔（最好还带支铅笔方便现场手绘平面方案）（图1-27）。

（3）A4纸或A3纸（看户型大小来带纸张大小）。

（4）卷尺或激光测距仪（图1-28、图1-29）。

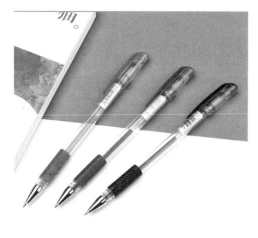  

图1-27　不同颜色的笔　　　　　图1-28　卷尺　　　　　图1-29　激光测距仪

（5）手机或者照相机（拍些墙角、梁体、支柱的交接地方、各局部的区域）。

3. 量房过程

（1）度量现场之前应与业主进行初步沟通。度量现场之前应与业主沟通初步的设计意向，取得详细的建筑图纸资料（包括建筑平面图、建筑结构图、已有的空调图、管道图、消防箱和喷淋分布图、上下水图、强弱电总箱位置图等）。了解业主的初步意向及对空间、景观取向的修改期望，包括墙体的移动、卫生间位置的改变、建筑门窗的改变等。记录并在现场度量工作中检查是否可行。

（2）分析房型结构，为其后的概念设计做好准备。

接到设计任务后，首先要熟读建筑图纸，了解空间建筑结构。

（3）现场勘察，测量房型。

1）准备工作。

①设计师须跟随客户及本组其他成员如设计师助理一并到现场。

②有条件的话可预先准备好图板和图板活动支架。

③复印好1∶100或1∶50的建筑框架平面图2张，一张记录地面情况，另一张记录顶棚（吊顶）情况（小空间可一张完成），并尽可能带上设备图（梁、管线、上下水图纸）。

④备带硬卷尺、皮拉尺、铅笔、记号笔、橡皮、涂改液、数码相机、电子尺等相关工具。

⑤穿着行动方便的运动服装或耐磨式服装，穿硬底或厚底鞋（因工地会有许多突发的因素，避免受伤）。

⑥进入现场前必须戴工地安全帽。

2）度量顺序及要点。

①放线以柱中、墙中为准，测量梁柱、梯台结构落差与建筑标高的实际情况。通常室内空间所得

尺寸为净空。

②测量现场的各空间总长、总宽、墙柱跨度的长和宽尺寸，记录清楚现场尺寸与图纸的出入。记录现场间墙工程误差（如墙体不垂直，墙角不成90°）。

③测量混凝土墙、柱的位置尺寸。

④测量空间的净空及梁底高度、实际标高、梁宽尺寸等（以平水线为基准来测量，现场设有平水线则以预留地面抹灰厚度后的实际尺寸为准来测量）。

⑤标注门窗的实际尺寸、高度、开合方式、边框结构及固定处理结构，记录户外景观的情况。

⑥记录雨水管、排水管、排污管、洗手间下沉池、管井、消防栓、收缩缝的位置及大小，尺寸以管中为准，要包覆的则以检修口外最大尺寸为准。

⑦地平面标高要记录现场实际情况并预计完成尺寸，地面、抹灰完成的尺寸控制在 50 ~ 80 mm 以内。

⑧现场平水线以下的完成面尺寸，平水线以上的顶棚实际标高。

⑨记录中庭结构情况，消防卷闸位置、消防前室的位置、机房、控制设备房的实际情况。

⑩结构复杂地方测量要谨慎、精确，如水池要注意斜度、液面控制；中庭要收集各层的实际标高、螺旋梯的弧度、碰接位和楼梯转折位置的实际情况、采光棚的标高、光棚基座的结构标高等。

⑪复检外墙门窗的开合方式；落地情况；幕墙结构的间距、框架形式、玻璃间隔；幕墙防火隔断的实际做法，以及记录外景的方向、采光等情况，并在图纸上用文字描述采光、通风及景观情况。

⑫红色笔标出管道、管井具体位置；最有效的包覆尺寸用绿色笔标注尺寸、符号、尺寸线，红色笔描画出结构出入的部分，黑色笔、铅笔进行文字记录、标高。

3）现场测量成果的要求。

①要求完整清晰地标注各部位的情况。

②尺寸标注要符合制图原则。标注尽量整齐明晰，图例要符合规范。

③梁高，标注梁高 h 数值或在附加立面标注相对标高。

④要有方向坐标指示、外景简约的文字说明，尤其是大厅景观、卧室景观、卫生间景观。

⑤顶棚要有梁、设备的准确尺寸、标高、位置。

⑥图纸须由全部到场设计人员复核后签署，并请委托方随同工程部人员签署，证明测量图与现场无误。

⑦现场测量图应作为设计成果的重要组成部分（复印件）附加在完成图纸内，以备核对翻查。

⑧现场测量图原稿则应始终保留在项目文件夹中，以备查验，不得遗失或损毁。

⑨工地原始结构的变更亦应作上述测量图存档更新，并与原测量图对照使用。

⑩测量好的现场数据是以后设计扩初的重要依据，到场人员应以务实仔细的态度完成上述工作，并对该图纸真实、确切地签名负责（图1-30）。

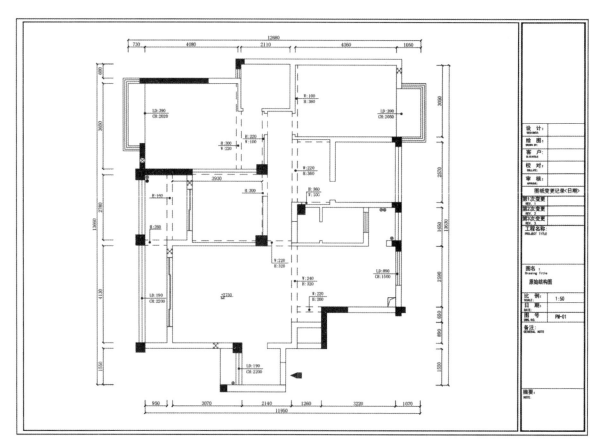

图 1-30　根据量房草图绘制的 CAD 原始结构图

4. 实战练习

请根据本任务的学习内容，按照设计流程，使用书末所附活页开展实战练习。

任务 1-6 人体工学分析与应用

1. 人体工学分析

一个好的家居设计，不仅看起来赏心悦目，更重要的是生活得舒适。但是在自己做装修设计的时候往往会把握不好尺寸的问题，而一个好的设计师能够在看到房子的尺寸时就判断出空间的用途和使用情况，其中的关键就是对于人体工学尺寸的把握。

在装修设计、购买家具时，如果能够结合室内实际情况和人体工学尺寸，就能够创造出更加舒适的生活空间了。

先了解一下关于走道宽度的基本尺寸。能够保证最低限度的通行宽度，才能够更好地对空间进行利用。

一个人通过的标准尺寸是 600 mm，两个人同时通过的标准尺寸是 900 ～ 1 200 mm（图 1-31）。

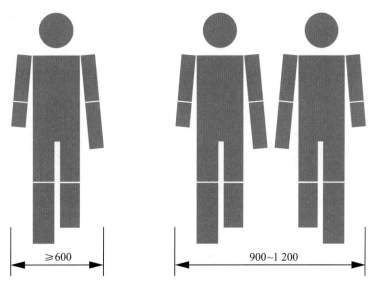

图 1-31 通道设计尺寸示意

（1）从沙发到电视柜：2 500 mm 以上，太近的话会影响视线，当然必须结合客厅的实际宽度调整合适的距离。

（2）家具之间的通道：600 mm 以上，这是保证一个人通过的最小尺寸，如果是经常使用的主要过道，或者需要搬运、手提东西时通过，最好能够留出 800 mm 以上的空间。

（3）电视屏幕到视点的距离：1 300 mm 以上，一般情况下，最佳的距离大约是屏幕高度的 3 倍。37 英寸屏幕最佳的距离是 1.4 m，40 英寸为 1.5 m 比较合适。

（4）沙发到茶几的距离：300 mm 以上，要确保能够放松脚。对于矮脚沙发来说，由于姿势基本是躺在靠背上，因此最好能够留出 400 mm 以上的空间才不会显得局促。

（5）椅子周边的距离：600 mm 以上，确保能够方便地拉开椅子并坐下。

（6）椅子 + 通道：1 000 mm 以上，坐在椅子上，同时能够从椅子后面通过一个人所必需的距离。

（7）厨房收纳必要的距离：800 mm 以上，橱柜门的宽度加上取出餐具所必要的距离，如果是比较易碎的餐具并且使用频率比较高，需要留出更加宽裕的空间。

（8）茶几到电视柜的距离：500 mm 以上，如果想要更加便于操作电视柜中的各种家电和拉开抽屉门，可以考虑 700 mm 以上的距离。

（9）打开柜门进行收纳的距离：700 mm 以上，这是打开柜门并且进行收纳所必要的空间。如果需要蹲下，800 mm 以上的空间会更好。

以上尺寸如图 1-32 所示。

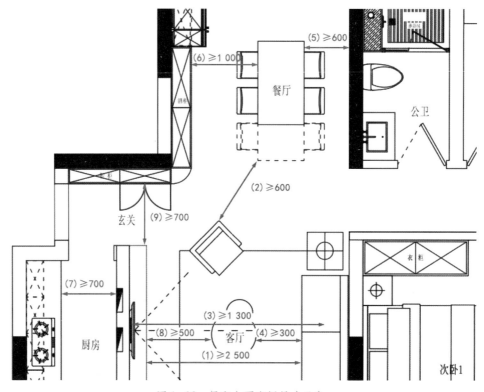

图 1-32　居室主要空间尺寸示意

（10）侧身通过的最小距离：300 mm，这是确保侧身通过的最低要求。如果是比较高的家具，最好留出 400 mm 以上，否则会有压迫感（图 1-33）。

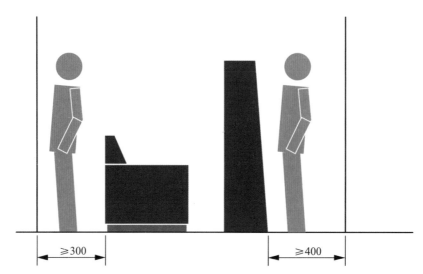

图 1-33　侧身通过空间尺寸示意

（11）出入口、通道和床与其他家具的距离：600 mm 以上，这是确保一个人通过所需要的空间（图 1-34）。

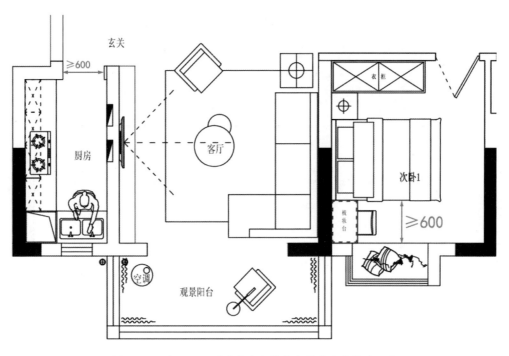

图 1-34　出入口、通道和床与其他家具的距离尺寸示意

（12）化妆台必要的空间：900 mm 以上，如果背后没有人通过，可以预留 900 mm 的空间，否则预留 1500 mm 以上的空间会比较方便使用（图 1-35）。

（13）移门衣柜前的空间：300 mm 以上，这是确保能够侧身通过的最低要求（图 1-36）。

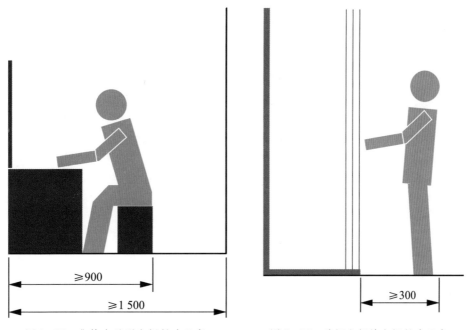

图 1-35　化妆台必要空间尺寸示意　　　　图 1-36　移门衣柜前空间尺寸示意

（14）床与床之间的距离：500 mm 以上，两张床并排的情况下，两张床之间的较佳距离（图 1-37）。

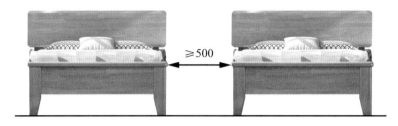

图 1-37　床与床之间的距离尺寸示意

（15）需要打开的柜门前的通道：700 mm 以上，柜门打开时不能撞上其他家具，尽量确保有柜门宽度加上 300 mm 的空间（图 1-38）。

由于不同的房子、不同的设计，最低限度的走道宽度也会有变化。以上只是一个例子，如果能够把握好尺寸感，会更加有利于家具的选择和布局。

2. 人体工学应用

应用情景：某商业楼盘户型厨房设计人体工学分析与应用。

运用人体工程学的知识，遵循以人为中心的设计原则进行厨房作业空间设计。

（1）厨房作业任务一般流程（图 1-39）。

图 1-38　柜门前通道尺寸示意

图 1-39　厨房作业空间分析示意

（2）强调人体尺寸在室内空间中的应用。

（3）明确设计要求。

1）任选一个厨房空间进行作业空间设计（须有具体尺寸）。

2）充分考虑各种人体尺寸，遵循以人为中心的设计原则进行厨房作业空间设计：

①合理运用人体工程学知识；

②简化任务结构；

③注重可视性；

④建立正确的匹配；

⑤利用限制因素；

⑥考虑人的差错；

⑦标准化。

3）使用 Photoshop、CAD 等软件绘制平面图和立面图，结合人体工学分析标注各功能区域尺寸，并标明工作流程及人体工学分析，分析流程如图 1-40 所示。

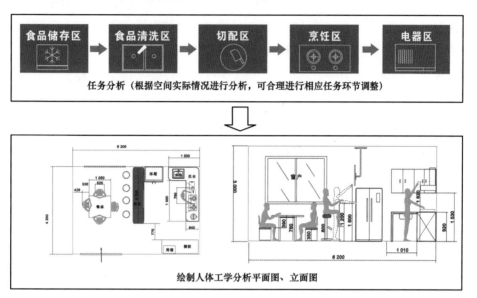

图 1-40 空间人体工学分析任务流程

3. 实战练习

请根据本任务的学习内容，按照设计流程，使用书末所附活页开展实战练习。

任务 1-7　全屋定制

全屋定制是集家居设计及定制、安装等服务为一体的家居定制解决方案，全屋定制是家居企业在大规模生产的基础上，根据消费者的设计要求来制造的消费者的专属家居。

当房地产蓬勃发展，各种户型、装修风格的居室也层出不穷时，大多数家具在设计时相对大众化，很难满足个性化要求。很多家具在展厅里格调优美，一旦搬到具体的家里就黯然失色，不是尺寸与房屋空间不符，就是款式不符合整体装修风格，全屋定制则为中国广大消费者提供个性化的家具定制服务，包括整体衣柜、整体书柜、酒柜、鞋柜、电视柜、步入式衣帽间、入墙衣柜、整体家具等多种称谓的产品均属于全屋定制范畴。全屋定制家具也成了众多家具厂商推广产品的重要手段之一。全屋定制最重要的是选材，只有好的材料才能做出好的产品，只有安全放心的材料才能做出安全放心的产品，因此选择含胶量更少的材料才是全屋定制的重中之重。

1. 全屋定制的优势

（1）符合现代人生活追求。随着社会的发展、科技的日新月异，消费者越来越注重生活品位，家具在讲究实用的基础上，其艺术价值和审美功能也日益凸显。作为整体家具的一个升级版，全屋定制个性突出，在设计的过程中讲究和消费者的深度沟通，能充分结合消费者的生活习惯和审美标准。

（2）简化装修流程。买新房装修已经成为如今人们头疼的一个问题，首先是装修周期长，有时候工期能长达半年之久，严重影响了消费者的工作和生活。其次是需要购买和操心的东西太多，有时候作为外行还经常受到欺骗，全屋定制概念的提出，大大简化了整个装修的流程，一体化的设计让消费者不用在东奔西跑、东拼西凑，在享受到整体性优势的同时，也节约了大量的时间。

（3）将环保提升到一个新高度。能够推出全屋定制的企业必然有深厚的技术沉淀和品牌美誉度，这是一种实力的象征。再加上全屋定制注重在环保安全方面的挖掘，无论是在选材上，还是在工艺制作的过程中，都将环保安全提升到了一个至高无上的地位。

全屋定制作为整体家具新的发展方向，虽然年轻，但是已经展示出了朝气蓬勃的实力。

2. 全屋定制设计使用的软件

全屋定制设计可以使用酷家乐等云设计平台，设计制作效率高，效果好，而且这些平台操作简便，随着人工智能技术的发展，全屋定制甚至可以由业主进行DIY。

3. 全屋定制案例赏析

全屋定制案例如图 1-41 ～ 图 1-44 所示。

图 1-41　新中式风格全屋定制设计案例

图 1-42　现代简约风格全屋定制设计案例

图 1-43　简欧风格全屋定制设计案例

图 1-44　欧式轻奢风格全屋定制设计案例

4.实战练习

请根据本任务的学习内容，按照设计流程，使用书末所附活页开展实战练习。

实战模块

项目 **2**
小户型空间设计

◎ **项目说明**

通过由企业提供的已完成的小户型空间设计项目（建筑面积小于 90 m²），按照分解任务流程开展设计，使学生通过各任务环节的完成，掌握小户型空间设计的方法。

◎ **知识目标**

1. 知晓小户型空间的户型特点。

2. 能讲述小户型常用空间的主要功能。

3. 具备基本的照明知识。

4. 具备小户型空间设计常用材料知识。

5. 具备作品展示版面的美学知识。

◎ **技能目标**

1. 能根据小户型空间特点进行户型改造。

2. 能按项目设计流程完成小户型空间设计。

3. 能进行空间动线分析。

4. 能正确使用常用装饰材料。

5. 能向业主展示、陈述空间设计作品。

◎ **素质目标**

1. 感受项目现场，执行任务，培养劳动精神。

2. 通过人体工学分析树立以人为本的设计意识。

3. 关注新中式设计风格，将中华优秀传统文化传承与设计创新结合起来。

任务 2-1   原始户型分析

1.项目来源

本项目是某商业楼盘的一套89 m²两居室户型，业主陈先生一家三口，陈先生夫妇是一对年轻夫妻，有一个4岁男孩，陈先生是一位高校教师，夫人为国企员工。他们的住宅是一套89 m²两居室小户型，是刚需家庭，他们的要求是尽可能发挥小空间功能，能有较好的收纳功能，还要有一个较为独立的办公区域，设计风格为新中式风格。户型图如图2-1所示。

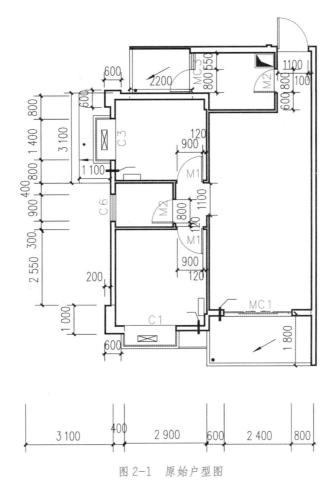

图 2-1   原始户型图

该户型为两室两厅（两间卧室、一个餐厅、一个客厅），另外包含一个卫生间、一个厨房、一个生活阳台、一个景观阳台，户型紧凑，利用率较高，但厨房门与入户门出入有明显交叉。

2.实战练习

请根据本任务的学习内容，按照设计流程，使用书末所附活页开展实战练习。

任务 2-2 空间改造

针对户型特点，进行相应的空间改造，使空间更符合业主使用需求。

1. 墙体拆改

墙体拆改是指为了调整室内格局，拆掉不符合设计方案的非承重墙，重砌改变房屋空间的墙体。墙体拆改注意事项如下：

（1）承重墙不可拆，非承重墙可拆。在墙体拆改前，施工人员一定要根据图纸，认清哪些是承重墙，哪些是非承重墙。应该牢记，承重墙不能拆，只能拆非承重墙，而且要注意的是，不是所有的非承重墙都能拆，要根据墙体对房屋构造的影响来决定。同时承重墙不能开门。承重墙开门会破坏承重墙的牢固性，邻居也有权起诉并要求恢复，就算仅仅在承重墙上打孔也会影响其稳定性。

（2）仔细考虑改造电路管线。在墙体拆改之前，一定要先规划好电路管线的改造方案。拒绝野蛮施工、损坏电路管线，否则要重新改造，产生不必要的费用。

（3）砌新墙的材料根据情况选择。一般来说，砌新墙时会选择采用与原来相同的水泥板墙或石膏板等轻体墙，也可根据自身情况要求选择隔声性更好或性价比高的材料。

（4）寻找专业有经验的装修公司。很多人不清楚自己的房子是什么结构，如果拆改墙体，一定要找有经验的装修公司来看一看，了解清楚墙体结构后再做决定，避免因随意拆改引发危险。同时，在施工之前，还要报物业管理部门备案，得到批准后方可施工。

2. 户型改造要合理

房屋户型改造必须遵循室内设计学的原则，必须是合理的。如果户型改造没有带来新的功能或改善功能，那么这个房屋户型改造本身是不必要的。比如，在一些操作频繁的厨房，如果采用开放式的设计，炒菜的油烟将会对室内造成严重污染等。

3. 不要影响房屋采光和通风

房屋改造不能够影响到房屋的采光与通风，如果影响到了，不仅仅是浪费装修成本，而且影响生活质量。比如不能够将南北通透的房屋改造成各种隔间，这样的话，房屋就会变得阴暗、潮湿，居住者的身体健康也会受到影响。

4. 要以实用功能为主

现代设计强调"功能第一，形式第二"，改造户型的前提是实现房屋更多的功能，或者改善房屋本身的功能，因此一定要以功能为先。

下面分析一下这个项目的原始户型图。

在原始户型中，入户门和厨房门在动线上是有冲突的，如图 2-2 所示。

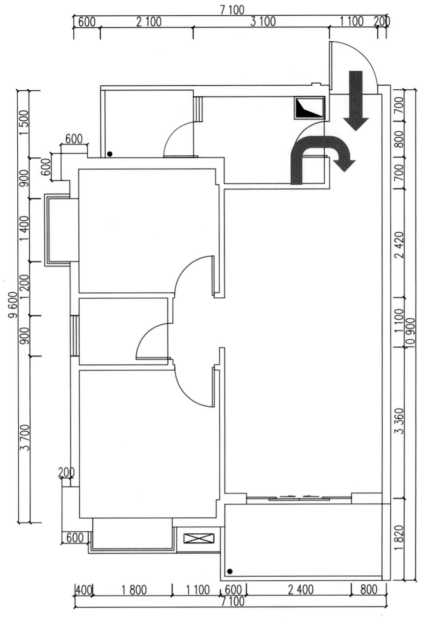

图 2-2　入户门和厨房门动线分析

　　这样的布局会使玄关空间缺失，没有入户玄关的收纳空间，会给家居生活带来很大的不便，因此在实际设计中，在进行空间和墙体结构分析后，设计师将厨房门一侧的墙体拆除、后移，预留了入户鞋柜的位置，并将厨房门开设在面向餐厅一侧，通过这样的空间改造，使玄关和厨房、餐厅的空间处理更为合理（图 2-3）。

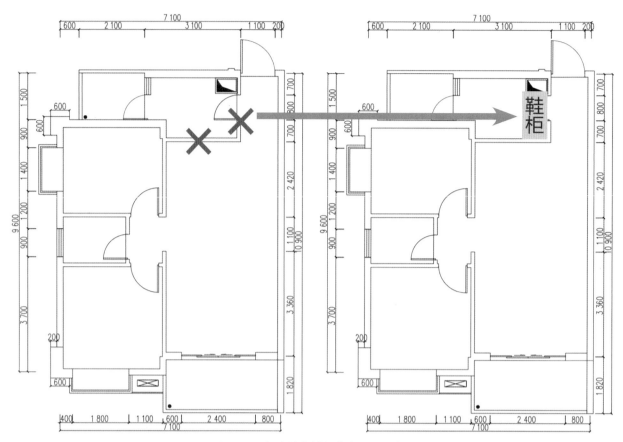

图 2-3 拆改墙体增加收纳空间示意

5.在空间改造前明确各空间属性和功能

（1）客厅。

1）客厅的风格与特征。客厅风格特征应以客户的意愿为依据，设计师的作用就是将客户的这种意愿进行提炼转化为现实。不论是中式、西式还是现代风格中的哪一种，都必须有正确的时空观，而绝不是生搬硬套地照抄某些传统元素。

2）起居室的空间形状和平面功能布局。客厅的空间形状主要由建筑设计的空间组织、空间形体的结构构件等因素决定，设计师可以根据功能上的要求通过界面的处理和家具的摆放来进行改变。客厅是家庭的多功能场所，是一家人在活动状态下的中心点，也是室内交通流线中与其他空间相联系的枢纽，家具的摆放方式影响到房间内的活动路线。

3）客厅的装饰材料选择。

①起居室的地面可用石材、陶瓷地砖、木地板或地毯铺设（仅铺设在沙发组合区域）；墙面可用乳胶漆、艺术墙纸、石膏板、木饰面板等进行装饰，可以搭配使用部分石材、玻璃或织物作为点缀。

②起居室最重要的墙面便是电视背景墙，它是视觉的焦点（图 2-4、图 2-5），对于电视背景墙的具体设计、构造，将会在下一模块中进行讲解。

图 2-4　客厅电视背景墙　　　　　　　　　　　图 2-5　客厅墙面装饰

（2）餐厅。

1）餐厅作为群体生活区，主要功能体现在用餐、家庭成员间的交流。随着信息化社会的到来、现代都市生活节奏的加快，人们忙碌奔波在上下班的车水马龙之间，工作的压力骤增，估计一家人团聚的时间也只有晚餐了。一份可口的饭菜、家庭的温馨在餐桌上展现得是最淋漓尽致的。如果有亲朋好友到来，餐厅也是向朋友展示主人好客、诉说主人家庭幸福最好的场所。因此餐厅的设计要多使用橙色、红色等给人带来食欲，更要注重空间温馨的氛围营造。

2）餐厅的开放式或封闭式程度在很大程度上是由住宅的面积和客户家庭的生活方式所决定的。重要的一点是：餐厅要尽可能地靠近厨房，餐边柜的作用更多是作为装饰营造气氛和空间隔断（图 2-6）。

图 2-6　餐厅

（3）卧室。卧室又被称作卧房、睡房，分为主卧和次卧，是供人睡觉、休息等活动的房间。卧房不一定有床，不过至少有可供人躺卧之处。有些房子的主卧房有附属浴室。卧室布置的好坏直接影响到人们的生活、工作和学习，卧室成为家庭装修设计的重点之一。因此，在设计时，人们首先注重实用，其次是装饰。好的卧室格局不仅要考虑物品的摆放、方位，整体色调的安排及舒适性也都是不可忽视的环节。

1）主卧室。

①作为私密生活区，它的主要功能是给劳碌一天的主人舒适的睡眠。这里有温情的灯光、悠扬的古典名曲、松软的床被伴随主人进入梦乡。如果空间足够，女主人可根据自己的喜好将梳妆台放置在内。

②床是卧室最主要的家具，也是卧室的中心，床的安放位置的选择是卧室设计的第一考虑，其他家具必须围绕床这一中心来安排。床的位置和整个卧室的流线有密切的联系，影响床的位置的最主要因素是窗的位置，因为光线会影响睡眠质量。现在大部分主卧都带有专用卫生间，设计时尽可能在卫生间和床之间安排一个过渡空间，这不仅使卫生间与卧室之间有一个必要的过渡，也符合人们的生活起居习惯（图2-7）。

2）子女房。

①有孩子的年轻父母最大的愿望莫过于给自己的孩子创造一个属于他们的小天地。孩子可以在这里开心玩耍，父母和孩子打成一片。儿童房的设计最重要的特点是要充满童趣的造型和亮丽的色彩，给孩子一个充满想象的空间。

②一个孩子也可以拥有上下床，满足他们上下攀爬的需求；南瓜车样式的床可以给小女孩们一个美丽的童话梦想。

③儿童房的功能大体由睡觉、学习、游戏三部分组成。主要家具为床、书桌、衣柜和玩具柜。根据年龄段家长们要尽可能选择趣味性和功能性强的家具以及无尖锐棱角的弧线家具。

④入学后的子女随着年龄的增长，他们的房间则需要随着更改。能够有一处自己独立看书作业的空间是子女房的需求。

⑤床的样式和房间饰物则由儿时的趣味复杂性转变成简练的线条和个性化的搭配（图2-8）。

图2-7　主卧

图2-8　子女房

3）客房。和长辈一起生活的主人，可以将客房用作长辈房。长辈房的设置可选择距卫生间较近的客房。设计上着重在功能的实用性上，家具的布置尽可能简洁，使空间宽敞，方便长辈的生活起居。

（4）厨房。大部分的家务劳动都是在厨房里进行，家庭成员几乎每天都使用厨房，同时厨房也是电器设备最集中的地方。要充分发挥厨房的功能，在设计上要考虑以下几个方面：

①厨房空间布局形式的选择。厨房的空间布局形式一般分为封闭式和开放式两种。封闭式空间布局的优点是有其独立的空间，便于清洁，尤其是中国式烹饪中产生的油烟不会影响到其他空间。开放式空间布局的优点是形式活泼生动，有利于空间的节约和共享，适合以煎烤为主的烹饪作业。

②厨房的作业流程。

传统厨房的主要作用有三个：食物的储藏、食物的清理、食物的准备和烹饪。要使这一系列的工作顺利方便地进行和完成，需要结合厨房的具体结构进行工作流程的分析。如首先将买回的食物进行分类，将本次需要食用的食物放置在洗菜池边，另一部分则要储存在冰箱里或其他地方；其次将处理好的食材进行清洗，并在操作台上将食材准备好；最后将食物放置在炊具里进行烹炒。

一般常用的厨房平面布置为一字形、L形、U形和中央岛形。

③设备选择。厨房的主要设备是台面和柜橱，它们的好坏不仅关系到使用的方便与否，也关系到厨房的格调与特色。柜橱的设计应该充分考虑业主对色彩、质感的需求，对于身材较矮小的业主，应该打造量身定做的橱柜尺寸，满足使用的舒适性。色彩亮丽的水晶面板、烤漆面板增加了主妇们劳作的轻松和趣味。

④装饰材料的选择。厨房的墙面采用光洁的釉面砖，地面要采用防滑的地面砖，耐酸碱、利于清洗（图2-9）。

（5）卫生间。伴随着人们对高品质生活的追求，卫生间不再是人们为了生理需求而不得不去的地方，它越来越受到室内设计师和客户的重视。在这个空间里，人们的身心可以得到全面的放松。一首优美的歌曲、一个热水澡便可以除去人们一身的疲劳。

住宅的卫浴也分为公用和专用。公用卫生间与走道相连，由家庭成员和客人共用；专用卫生间一般从属于主卧室，为男女主人服务。卫生间内主要的卫生器具包括面盆、便器、浴缸或淋浴器。为了方便使用，设计师常常将卫生间进行干湿分区。

将洗面台等具有梳妆功能的器具与洗浴房分开设置，中间用隔断分隔。便器的位置要根据卫生间的面积大小来决定。如果卫生间太小且又是公用卫生间，可将蹲便器与淋浴房设置在一起；如果卫生间面积足够大，则可将坐便器与面台设置在同一区域（图2-10）。

（6）书房。书房是一个静谧的地方，主人可以在这里随心所欲地把玩自己的收藏品，或是发展自己的爱好，画一幅意境深远的水彩，写一首小诗或是一篇心得随笔，都是很畅快的事情。

书房的设计要注重主人的个人喜好、职业特点。书柜和写字台的样式设计与布置是书房的中心，可根据书房空间的大小设计成独立式家具、组合式家具或是连体式家具。同时充分利用空间的采光效果布置写字台，满足主人阅读书写的要求（图2-11）。

对设计类职业或有绘图要求的主人，设计师可以安排落地灯和壁灯，为书房营造工作室环境。

图 2-9　厨房　　　　　　　　　　　　　　　　　　　图 2-10　卫生间

图 2-11　书房

（7）玄关、过道、楼梯。真正能够营造空间整体格调的是空间的入口、过道和空间里的楼梯，而不是人们使尽解数倾力修饰的起居室。造访一处住宅的第一印象就是从入口到过道处的布置情况。从这里，你可以大抵推断出房间的整体装修风格，还能看出主人的审美水平、兴趣、爱好等。

这些空间往往狭窄、拐角众多而且形状不规则，因此这些细节空间的装饰设计尤为重要。

6. 本案例空间改造分析

（1）入户门与厨房门的交错。本案例入户门与厨房门有明显的交错，这样将造成入户进出与厨房进出的冲突，厨房隔墙是非承重墙，因此可以考虑进行厨房墙体拆改，重新规划厨房进出口位置。

（2）空间功能的重新规划。本案例业主要求尽可能发挥小空间功能，能有较好的收纳功能，还要有一个较为独立的办公区域，设计风格为新中式风格。

1）收纳空间。设计师应该善用可利用的空间以增加收纳空间，本案例中，可考虑在进行厨房墙体拆改后，在拆改位置设置到顶置物柜（含鞋柜），这样既解决了厨房出入口问题，经测算，收纳空间增加了 $1.5 \, m^3$，收纳空间显著增大，玄关功能也更为合理。

2）独立书房规划。本案例是小户型住宅，功能空间少，原始户型设置两个卧室之后，就没有独立的书房区域了，这时设计师可以关注在客厅与餐厅的衔接处和景观阳台处规划出一个相对独立的小书房，业主可以按照书房必要家具尺寸尝试改造。

7. 小组讨论

根据上面的分析，针对业主的需求，同学们还有更好的空间改造方法吗？请大家将你的改造方案通过手绘的方式记录在书末所附活页中。

8. 实战练习

请根据本任务的学习内容，按照设计流程，使用书末所附活页开展实战练习。

任务 2-3　室内动线分析

1. 室内动线

动线就是指人在房子里由一个功能区走到另一个功能区的路线，室内动线会直接影响人们的生活方式，应尽可能简洁，合理的室内动线符合日常的生活习惯，可以让进到房间的人在移动时感到舒服，避免费时低效的活动。不合理的动线就会很长，往往需要原路返回或交叉，不仅浪费空间，还会影响其他家庭成员的活动。

下面来看一下本项目两个不同的设计带来的不同动线规划，如图 2-12 所示。

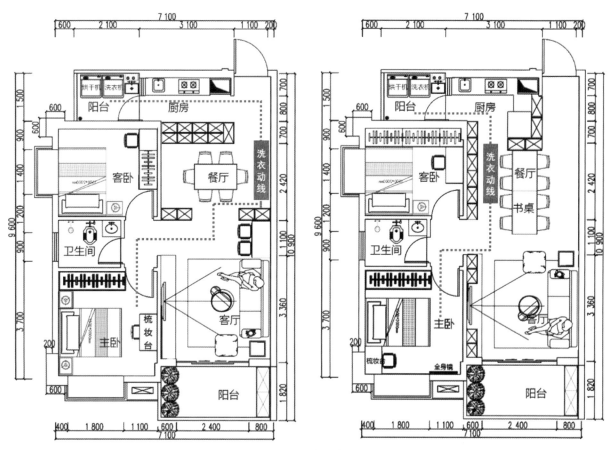

图 2-12　动线对比

通过观察看到，方案一的洗衣动线规划行走路线长，折弯多，很不方便；而方案二考虑到动线规划的简洁和舒适，对空间布局进行了调整，洗衣动线规划显得比较合理。

2. 室内动线的划分

户型动线可以分为主动线和次动线，主动线联系的是所有的功能区（厨房、客厅、卧室、卫生间等），比如从客厅到厨房、从大门到客厅、从客厅到卧室，也就是你在房子里常走的路线。次动线则是在各功能区内部活动的路线，比如在厨房里、在卧室里、在卫生间里等。

如图 2-13 所示为主动线与次动线示意图。

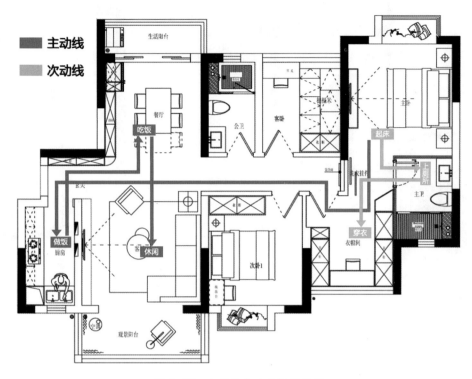

图 2-13　主动线和次动线示意图

（1）主动线规划原则。一般主动线包括家务动线、居住动线、访客动线，代表着不同角色的家庭成员在同一空间不同时间下的行动路线。

1）家务动线。家务动线是在家务劳动中形成的移动路线，一般包括做饭、洗晒衣物和打扫，涉及的空间主要集中在厨房、卫生间和生活阳台。家务动线在三条动线中用得最多，也最烦琐，一定要注意顺序的合理安排，设计要尽量简洁，否则会让家务劳动的过程变得更辛苦。

首先说一下厨房。

为了方便一进门就能快速将手中的物品放入厨房，一般将厨房设计在靠近入户门的地方，这样才能保证走的路程最短。吃饭时，从厨房到餐厅，饭菜和餐具的拿出、放回是很重要的路线，不仅在吃饭前后，在吃饭的过程中，拿酱油、糖醋等调味品的走动也不少，厨房和餐厅应该无阻隔相连。

图 2-14 所示户型厨房动线合理。

其次是洗衣机的摆放。

洗衣机的摆放直接决定了洗衣动线的长短。洗衣机一是放在浴室，洗完澡直接将脏衣服放入，洗完再拿到阳台晾晒，但这对浴室的大小和干湿分离有一定要求，对于只有 3～4 m² 的卫生间来说，很难实现。二是放在生活阳台，洗完澡将衣物拿到生活阳台的洗衣机清洗，然后直接在阳台上晾干。如果浴室与生活阳台挨得近，可以省不少路程，因此在挑户型时就要将这条动线考虑进去。

当然，如果家里没有生活阳台，就只能将洗衣机放到景观阳台上，这样在晾晒衣物时就需要穿过客厅等休闲区域，对正在看电视的人会有一定干扰。需要穿过客厅到阳台上晾晒的家务动线如图 2-15 所示。

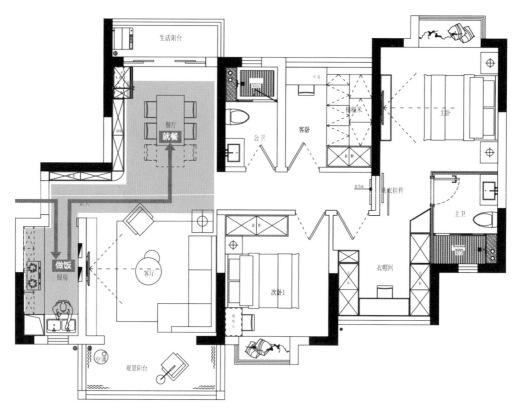

图 2-14　厨房动线

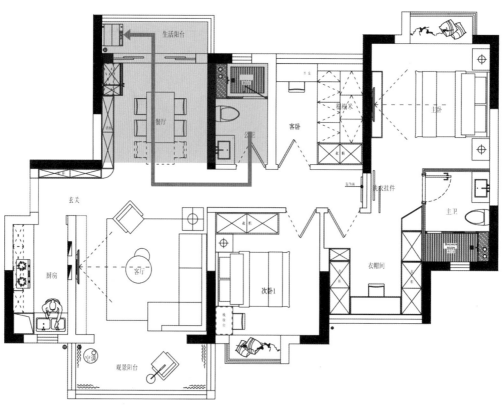

图 2-15　洗衣晾晒动线

最后是打扫用具的摆放。

如果是对水需求较大的拖把，与洗衣机一起放在生活阳台上会是一个比较好的选择，将要洗的衣物拿到阳台上，在等待衣物清洗的过程中，随手拿起旁边的拖把打扫房子，打扫完再回到阳台，这时衣物也洗好了。

2）居住动线。居住动线就是家庭成员日常移动的路线，主要涉及客厅、书房、卧室、卫生间等，要尽量便利、私密。

从图2-16的设计案例可以看到，即使家里有客人在，家庭成员也能很自在地在自己的空间活动。

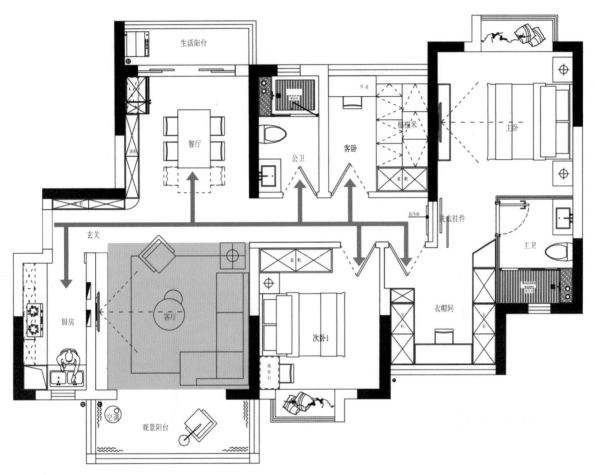

图2-16　居住动线

在有条件进行户型改造的前提下，图2-17所示案例的入户和厨房烹饪的进出动线有冲突，动线设计显然不合理，这样就需要考虑进行相应的户型改造，重新进行动线设计。

3）访客动线。访客动线就是客人的活动路线，主要涉及客厅、餐厅、卫生间等公共区域，要尽量避免与家庭成员的休息空间相交，影响他人工作或休息。

如图2-18所示的户型设计，客人能很方便地找到卫生间，在客厅里活动对家庭成员进出卧室都没有影响。

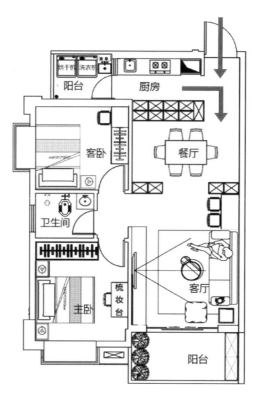

图 2-17 不合理动线

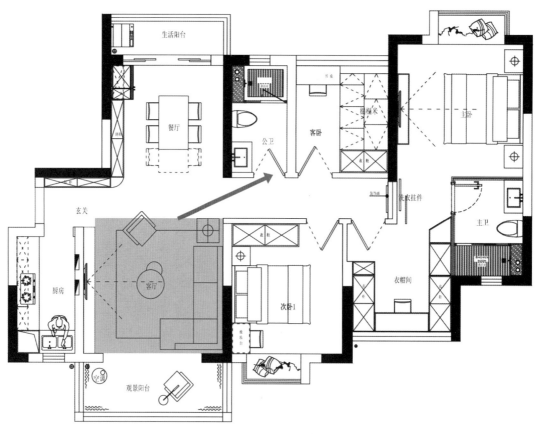

图 2-18 合理访客动线

整体看来，三条动线不交叉是户型动线关系的基本原则，也是户型动线良好的标志，如果三条动线同时发生，之间又产生交叉，就会使功能区域混乱、动静不分，不仅房子的面积会被浪费，家具的布置也会受到很大限制。

三条动线不交叉，即以入户门处为起点，向各个区域延伸，特别是客厅、厨房、卧室，动线最好是树枝状，因为它能体现出各功能空间的分区和分流（图 2-19）。

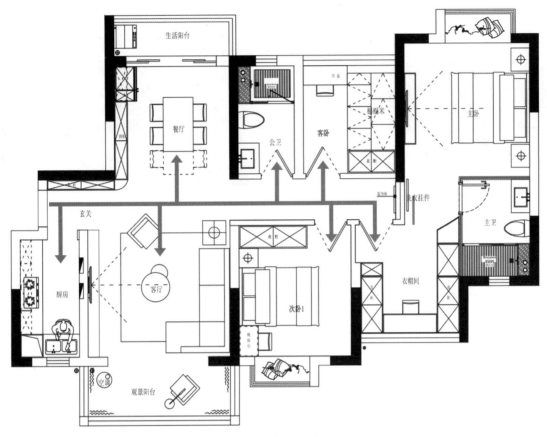

图 2-19　树枝状动线

（2）几条次动线的规划。除了房子整体空间的动线布局要合理，单个功能区的动线布置也要满足日常生活习惯，一般房子的单个功能区主要包括厨房、客厅、卧室和卫生间。

那么，这几条次动线具体该如何规划呢？

1）厨房的动线。先来看做饭的过程，从烹饪前的准备到饭菜上桌，人在整个流程的运动路线就是厨房动线。按照人们的做饭习惯，一般先从冰箱里拿出食材，然后清洗食材、切菜，再进行烹饪，最后上桌。厨房作业基本流程如图 2-3 所示。

一般将储存、清洗和烹饪称为厨房的三角动线，在厨房面积相同的情况下，三角动线布置不同，其距离是有所区别的，过小会显得局促，过长会使人疲劳，因此要安排合理。当然，不同格局的厨房也会有不同的厨房动线，但万变不离其宗，把握好顺序就行。

①一字形厨房。对于瘦长形的厨房，一般紧靠一面墙来布局，即一字形，厨房的动线排成一条直线，缺乏围合式的灵活性。这种布局设施排列简单，但在设计中仍应遵循烹饪的程序，才能保证人在其中操作的合理性（图 2-20）。

②双一字形厨房。短粗形的厨房适合布局成双一字形，一般紧贴两侧墙壁布局，这种布局往往可以通往生活阳台，相比一字形，也缩短了各功能区的直线距离，灵活性也增强不少。

若厨房可直达阳台，则布局时要将阳台考虑在内。若阳台上存放部分食材，则水池和操作台应布置在靠近阳台的地方。若厨房没有连接阳台而是一面墙，这面墙不加以利用也会造成浪费，这种情况下，选择 U 形布局利用率会更高。

合理的布局效果如图 2-21 所示。

图 2-20　一字形厨房

图 2-21　双一字形厨房

③U 形厨房。

a. U 形布局可以体验到围合式厨房带来的高效性，功能区环绕三面墙布置，可放置更多的厨房电器，从而缩短行走的距离。

b. U 形布局的冰箱、水池和灶台形成一个正三角，烹饪起来非常方便，不过，两个转角使用起来较困难，可以在转角台面上摆放置物架等提高利用率。但要注意，U 形布局对厨房的空间大小有要求，且相对柜子保持约 1.2 m 的距离才合理。

合理的布局效果如图 2-22 所示。

④L 形厨房。

a. 以墙角为原点，双向展开成 L 形，工作中心是一个紧凑的三角形区域，这种布局很实用，同时所占空间并不大（图 2-23）。

b. L 形厨房在布局上可以将灶具、烤箱等安排在一条轴线上，而冰箱和水槽安排在另一条轴线上，另外，转角处空间利用也很重要。

合理的布局效果如图 2-23 所示。

图 2-22　U 形厨房

图 2-23　L 形厨房

2）客厅的动线。客厅的动线规划是一个重点，它由两部分构成：一是固定构造物及摆设；二是人流、物流的路径。

沙发、茶几等固定构造物的摆放和体量要根据空间大小来决定，沙发和茶几之间的距离要合理，以免出入不便。另外，如客厅的沙发处属于静态活动区，而沙发与电视之间的空间属于动态活动区，应尽量给活动区腾出较大空间，以保证人的活动不受限。

3）卧室的动线。卧室的使用频率还是很高的，卧室的动线要注意摆放和收纳。这里最大的家具是床，所以，要先将床摆好，床最好平行或垂直墙壁，以便室内动线更流畅。其中，双人床最好不要靠墙放，否则睡在里面的人会不好下床，床两边的通道也应不少于 50 cm。除了床，一般还会有衣柜和梳妆台，有的主卧还带有独立的卫生间和衣帽间。

4）卫生间的动线。一套房子里，卫生间可以分为公共卫生间和主卧卫生间，两者功能不同，动线也不一样。卫生间一般包括台盆、马桶和淋浴，他们的布局决定着卫生间的动线，按照不同的布局大体上可以分成三个类型。

①集中式布局。集中式布局就是将卫生间的各种功能集中在一起，包括台盆、马桶、淋浴等，动线简单。这种布局比较省事，但达不到干湿分离，当一个人占用卫生间时，会影响家庭其他成员使用，因此不适合人多的家庭，多适用于小户型或主卫。

②三分式布局。三分式布局就是我们常见的分段式，将卫生间的各种功能单独布局，比如干湿分离设置，特点是功能明确，可同时使用，在使用高峰期也能减少彼此之间的干扰，但占用空间较多，成本也相对较高。

③二分式布局。二分式布局就是将卫生间的基本设备根据需要部分独立设置，合成一室，与三分式布局相比，更节省空间，与集中式相比，组合又比较自由，能在一定程度上解决卫生间不同功能同时使用的冲突，适用于客卫。

结合户型示例如图 2-24 所示。

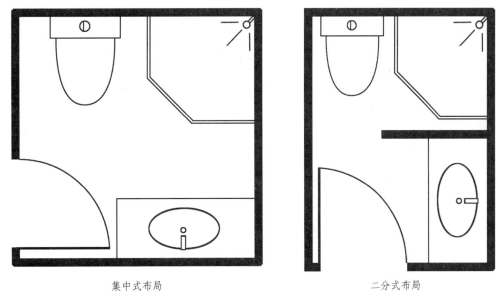

集中式布局   二分式布局

图 2-24 卫生间布局

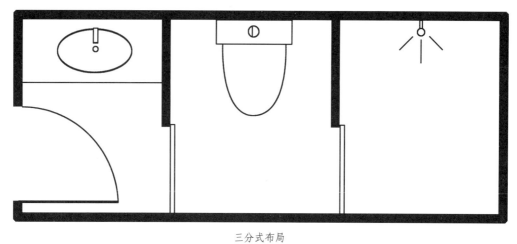

三分式布局

图 2-24 卫生间布局（续）

3. 实战练习

请根据本任务的学习内容，按照设计流程，使用书末所附活页开展实战练习。

任务 2-4 材料方案确定

1. 涂料

（1）乳胶漆。乳胶漆是乳胶涂料的俗称，是以丙烯酸酯共聚乳液为代表的一大类合成树脂乳液涂料。成膜物质主要是合成树脂乳液，属于水性涂料，它的漆膜性能比溶剂型涂料好得多，而且溶剂型涂料中占一半比例的有机溶剂在乳胶漆中被水代替了，从而解决了有机溶剂的毒性问题，其执行标准是《合成树脂乳液内墙涂料》（GB/T 9756—2018）。油性漆有一定的污染，水性漆是零污染。2016年6月，国家出台相关规定，明确表示在木制品的油漆使用上，溶剂型涂料（油性漆）将逐步被水性漆取代。乳胶漆的用途非常广泛，几乎适用于所有的建筑界面，不管是外墙还是内墙，吊顶还是固定家具，楼顶还是地下室，都可以看到乳胶漆的身影（图2-25）。

（2）硅藻泥。硅藻土是硅藻这种生物死后留下的二氧化硅残骸，沙子、石英石的主要成分也是二氧化硅，而硅藻泥就是由硅藻土、成膜物质、特种颜料、助剂等材料混合而成的内墙环保装饰壁材。硅藻泥本身没有任何污染，在硅藻泥的施工过程中没有味道，图案可随意定制（图2-26），后期修补也比较方便，这是乳胶漆等传统涂料无法比拟的，其主要特点如下。

图 2-25 乳胶漆应用案例

图 2-26 硅藻泥应用案例

1）防火阻燃。硅藻泥是由无机材料组成的"泥巴"，不燃烧，即使发生火灾，也不会产生任何对人体有害的烟雾。

2）呼吸调湿。随着不同季节的环境、空气、温度的变化，硅藻泥可以吸收或释放水分，起到调节室内空气湿度的作用，使湿度相对平衡。也因为这个特点，在日本，硅藻泥的主要成分——硅藻土更多地被用来做吸湿脚垫、雨伞架等快速吸湿产品，这也是硅藻土主要的应用领域之一。虽然硅藻泥墙面能起到呼吸调湿的作用，但是效果很微弱，达不到一些厂家宣传的可以"调节室内湿度"的效果。

3）吸声降噪。与传统涂料相比，硅藻泥的多孔结构使其具有一定的降低噪声的功能。

4）保温隔热。硅藻泥的主要成分是硅藻土，它的热传导率很低，本身是理想的保温隔热材料，根据产品行业内提供的数据，其隔热效果是同等厚度水泥砂浆的6倍。

5）不沾灰尘。硅藻泥不含任何重金属，不产生静电，浮尘不易附着，墙面永久清洁。

因为与传统涂料相比的这五大特点，硅藻泥在几年的时间内迅速被设计师和消费者熟知，成为对环保要求极高的中高端住宅墙面的理想装饰材料，当然，由于其具有不同于传统墙面涂料的优势，因此价格也相对较高，而且施工难度比较大。通常，具有1～2年相关经验的工人才能独立完成硅藻泥施工，而且图案越复杂、花色越多，施工的程序就越多，价格也越高。

2. 石材

在西方，几乎所有的皇宫府邸都是采用天然石材堆砌而成的，因此，西方的建筑又被称为"石头的史诗"。在设计大师的案例中，也随处可见石材的身影，可以说，几乎每个设计大师都是使用石材的高手。

天然石材作为一种高端的建筑材料，在主流的室内设计项目中几乎是不可或缺的。除常见的大平板外，圆柱、方柱、弧形线条、旋转楼梯、图案拼花、壁炉、洗面台等位置都可以看见石材的身影，其中弧形、异形等设计效果是很难通过瓷砖或人造石达到的。并且，天然石材在呈现复杂造型的同时，还能毫无保留地体现它原本的厚重感和质感，这是人造石材不能比拟的。因此，天然石材是很难被人造材料取代的。

不过需要清楚的是，就市场总体占有率来说，石材是远远低于瓷砖的。但是，如果只看高端的室内设计市场，石材的市场占有率则远远超过了瓷砖。这个现象也反映了一个事实：由于价格过高，很多业主摒弃了天然石材，选择了人造石材或瓷砖。又由于近年来大家对环保的重视，天然石材的价格一再上升，更难与瓷砖抢占市场占有率，最终形成了现在这样石材占领高端市场、瓷砖占领中低端市场的情况。装饰石材主要分为天然石材和人造石材两大类。

（1）天然石材。天然石材源于地壳中的岩石层，常见的天然石材有天然大理石、花岗石、文化石等。

1）天然大理石。天然大理石属于地壳中的变质岩一类，属于中硬石材，主要由方解石、石灰石、蛇纹石和白云石组成。天然大理石一般含有杂质，会发生种种化学反应，也导致大理石容易风化和溶蚀，原石表面会很快失去光泽。天然大理石具有以下优缺点：

①天然大理石的优点。

a.纹理丰富。大理石属于石灰变质岩，色彩艳丽，光泽熙人，会呈现各种云彩状的花纹（图2-27）。

b.可塑性强。大理石物理性稳定，表面不起毛边，不影响其平面精度，能保证长期不变形，线膨胀系数小，机械精度高，防锈、防磁、绝缘。

②天然大理石的缺点。

a.易风化。由于普通大理石都含有杂质，而且碳酸钙在大气中受二氧化碳、碳化物、水汽的影响，也容易产生风化和溶蚀，使外表很快失去光泽。

b.质地软。大理石质地相对比较软，仅适用于室内装饰。石材自身较脆，须在背面加网格对其加固。

2）花岗石。花岗石是火山喷发时流出的岩浆或火山喷溢的熔岩冷凝结晶而成的岩石，其中的二氧化硅含量大于65%，属于酸性岩。因为这种岩石中斜长石、正长石、石英等基本矿物质构成晶体时呈粒状构造，因此称为花岗石。与大理石相比，花岗石具有良好的硬度，抗压强度好，孔隙率小，吸水率低，导热快，耐磨性好，耐久性高（一般使用年限为75～200年），抗冻（可经受100～200次的冻融循环），耐酸，耐腐蚀，不易风化，因此，被广泛地应用于室内外装饰中（图2-28）。

图2-27　天然大理石

图2-28　花岗石

3）文化石。文化石分为天然文化石和人造文化石两种。文化石本身并不具有特定的文化内涵，但文化石具有粗粝的质感、自然的形态，可以说，文化石是人们回归自然、返璞归真的心态在室内装饰中的一种体现，这种心态也可以被理解为一种生活文化。文化石是体现空间回归自然最常采用的装饰材料之一（图2-29）。

文化石按照石材品种可分为很多类别，如砖石、木纹石、鹅卵石、石材乱片、洞石、风化石、层岩石、火山岩等。几乎所有石材种类都可以加工成文化石，甚至有的文化石还可以仿木头年轮。天然文化石质地坚硬、色泽鲜明、纹理丰富，具有抗压、耐磨、耐火、耐寒、耐腐蚀、吸水率低、价格高、施工较困难等特点。人造文化石模仿天然石材的外形纹理，具有质地轻、色彩丰富、不燃、便于安装、价格低等特点。从表面处理方式来看，常见的文化石有蘑菇石、片岩石、板岩石。同样的石材基体，采用不同的表面处理手法，带给空间的氛围是不同的。

（2）人造石材。凡是采取不同方式模仿天然石材的形成、特点、物理特性、化学特性与使用性能并人工制作的材料，统称为人造石材，如微晶石、水磨石、人造合成石、实体面材、人造砂岩、陶瓷砖等。人造石材的类型主要有水泥型人造石材和树脂型人造石材。

1）水泥型人造石材以水泥为黏结剂，砂为细骨料，碎大理石、花岗石、工业废渣等为粗骨料，经一系列工序加工而成。用它制成的人造大理石具有表面光泽度高、花纹耐久、抗风化的特点，耐火性、防潮性也优于一般的人造大理石。

2）树脂型人造石材多是以不饱和聚酯为黏结剂，与石英砂、大理石、石粉等材料一起经过一系列工序加工而成。树脂型人造石材具有天然花岗石和天然大理石的色泽花纹，几乎可以以假乱真。而且它的价格低，吸水率低，质量轻，抗压强度较高，抗污染性能优于天然石材，耐久性和抗老化性较好。

人造石材是针对天然石材在使用中出现的问题而研发出来的，它在防潮、耐酸、耐碱、耐高温、易拼凑性方面比天然石材更有优越性（图2-30）。与人造木皮一样，人造石材普遍缺乏自然感，纹理相对较假，因此多被用于对美观度要求不高的场所，如厨房、洗手间等。另外，人造石材的制造工艺、性能、特征差别很大，由于市场混乱，很有可能买到次品。

图 2-29　文化石　　　　　　　　　　　　　　图 2-30　橱柜台面常用人造石材

3. 木饰面板

（1）木饰面板与实木板的区别。木饰面板一般有两层含义：广义上，所有表面能呈现木纹效果的材料都叫作木饰面板，如实木板材、木纹转印铝板、薄木贴皮、科定板等；狭义上，木饰面板是指以人造木板为基层，以木皮（也叫薄木、单板）作为装饰面板，经加工制成的各种装饰面板。实木板是指整个板材由内而外都是实木，在板材的结构上没有进行任何改造的板子。从这一点可以看出，相对于实木板，木饰面板的防潮效果更好、适用范围更广、成本更低。但在触感和环保性能上，实木板更具优势。

（2）木饰面板的分类。木饰面板具备实木板不具备的种种优点。另外，使用木饰面板还能起到保护原木资源的作用。根据粘贴木皮所用基层板材类别和厚度的不同，装饰木饰面板分为薄木贴面板和常规木饰面板两种类别。薄木贴面板是利用珍贵木料（如紫檀木、楠木、胡桃木、影木等），通过刨切制成厚度为 0.2 ～ 0.5 mm 的木皮，再以胶合板为基层，进行一系列工艺加工制成的木饰面板。常见的规格为 2 440 mm×1 220 mm×3 mm。常规木饰面板是指基层板厚度不小于 9 mm 的木饰面板，木皮与薄木贴面板一样，只是改变了基层板，因此可以理解为，厚度在 3 mm 左右的木饰面板就是薄木贴面板，而厚度不小于 9 mm 的就是常规木饰面板，它们只有厚度差别。

（3）人造饰面板。很多年前，木料行业从业者就开始尝试用人造手段代替珍贵的天然木皮，模仿天然木皮的纹理，同时改良木皮的性能，于是出现了所谓的科技木、浸渍胶膜纸等人造木皮。之后，再用人造木皮与不同的基层板材结合，最终形成人造木皮的木饰面板材。最后，根据不同的饰面纹理、光泽处理方式、所使用的基层板材类型及厚度，把这些人造饰面板命名为大家耳熟能详的三聚氰胺板、生态板、科定板、防火板、免漆板等饰面板材（图2-31）。

图2-31　人造饰面板

4. 金属

（1）金属材料的应用。随着国家对建筑消防的要求越来越高，各地消防部门对建筑的消防验收也越来越严格。因此，从基层骨料到饰面材料都需要想办法"降火"，设计师通过新的工艺代替传统木龙骨和木板的基层，材料商通过各种化学和物理的手段降低材料的燃烧性能。但这还不够，因为材料自身的属性已经决定了，无论怎样处理，也不能将能燃烧的质地变成不能燃烧的质地。一方面，材料突破不了物理属性的限制；另一方面，项目要通过严格的消防报审和验收，因此，近几年采用A级不燃的金属材料代替传统可燃材料的情况屡见不鲜，在居住空间设计中，如要在空间减少木质材料的使用，又想保留木质材料的特性，可以通过在金属表面木纹转印的工艺实现。

除能代替石材外，金属板块还可以转印几乎所有纹样，如石材转印、图片数码打印等。同时，因为金属体量轻、成本低、可塑性强，金属材料在室内空间中还有更广泛的应用，如各种冲孔铝板、镜面铝板、多边形铝板、蚀刻不锈钢、古铜雕刻、薄边金属门套等。

（2）不锈钢。不锈钢是20世纪冶金领域的重大发明。不锈钢不是指不会生锈的钢铁，而是指不容易生锈的钢铁。它是在普通碳钢的基础上，加入一组质量分数大于12%的合金元素铬（Cr），使钢材表面形成一层不溶解于某些介质的氧化薄膜，最终使其与外界介质隔离而不易发生化学作用，从而保持金属光泽，具有不易生锈的特性。铬含量越高，钢的抗腐蚀性越好。根据构成不锈钢的化学元素的含量不同，不锈钢被分为不同系列。装饰领域常见的不锈钢种类有201和304等。

不锈钢在室内有两种常规的使用方法。在装饰领域，不锈钢被称为"收口神器"，可被用于各种各样的收边条、门框门套线、分割垭口条、各类装饰线条、金属背景墙、软装小饰品等。不锈钢的反射性能极佳，能够营造出当下最流行的低调、奢华的室内氛围，是许多高格调空间中装修、陈设、点缀、收口的必备材料（图2-32）。另外，不锈钢因为其独有的特质，也常被用于室内空间的栏杆扶手、楼梯栏板等处。

室内不锈钢产品花样繁多，层出不穷，如拉丝玫瑰金不锈钢、黑钢、镜面钢、蚀刻不锈钢、不锈钢金属隔断等。

图 2-32　不锈钢应用

（3）金属铝板。用于建筑装饰行业的铝板主要分为铝单板和铝复合板两个类型，通常用于大型隔断、大型不锈钢饰面板等处。

1）铝单板。铝单板是指采用铝合金板材为基材，经过铬化等处理后，再经过数控折弯等技术成型，采用氟碳漆或粉末喷涂技术加工形成的一种新型建筑装饰材料。人们常说的木纹转印铝板、冲孔铝板、仿石材铝板、镜面铝板等都属于这一类板材（图 2-33）。

2）铝复合板。铝复合板是一个统称，主要是指通过种种复杂的加工手段将经过化学处理的涂装铝板（铝单板）作为表层材料，复合在适合的基层材料上，最终形成的新型建筑装饰材料。根据复合基层材料的不同，铝复合板具有不同的材料特性，比如，人们常见的铝塑板就是塑料和铝单板的复合板材，既保留了塑料材料的特点，又通过金属材料克服了塑料材料的不足。蜂窝铝板是蜂窝金属和铝单板构成的复合材料，在保留了铝单板的饰面性能特点的同时，通过蜂窝金属结构基层极大限度地弥补了铝单板容易弯曲的缺点（图 2-34）。

为保证饰面材料的平整度，越来越多的大型空间中采用铝复合板。由此可知，铝复合板兼顾以上两种材料的优点，用途广泛。

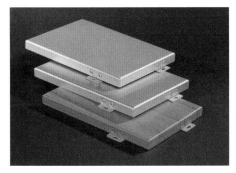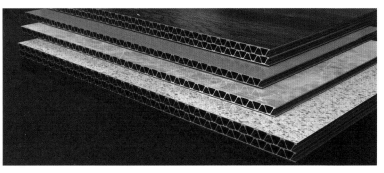

图 2-33　金属铝板　　　　　　　　　　　　　图 2-34　铝复合板

5. 常见地面装饰板材

地面装饰板材按材质分，有实木地板、强化地板、实木复合地板、竹木地板、防腐地板、软木地板、塑料地板、运动以及抗静电地板等；按用途分，有家用地板、商用地板、防静电地板、户外地板、舞台专用地板、运动馆场内专用地板、田径专用地板等；按环保等级分，有E1、E2级地板，JAS星级标准的F4星级地板等（E1是欧标，F4是日标，国内厂家常说的EO是国内标准说法，在欧标里没有EO这个说法）。这些分类逻辑与其他分类不同，直接抓住材料属性本质的分类，更加简洁，也更便于设计师理解。

（1）实木地板。实木地板是天然木材经烘干、加工后形成的地面装饰材料。实木地板又名原木地板，是用实木直接加工成的地板。它具有木材自然生长的纹理，是热的不良导体，能起到冬暖夏凉的作用，具有脚感舒适、使用安全的特点，是卧室、客厅、书房等地面装修的理想材料（图2-35）。普通条木地板（单层）常选用松、杉等软木树材，硬木条板多选用水曲柳、柞木、枫木、柚木、榆木等硬质树材。

竹地板是以毛竹为原料，经切削加工，防霉、防虫处理，控制含水率，经过侧向粘拼和表面处理，开榫槽，施涂油漆而成。

（2）强化地板。近几年流行的地面材料是在原木粉碎后，加入胶、防腐剂、添加剂，再经过热压机高温高压压制处理，从而打破原木的结构，克服了原木稳定性差的弱点。复合地板由耐磨层、装饰层、基层、平衡层（防潮层）胶合而成。基层为中、高密度板或优质刨花板。

（3）实木复合地板。实木复合地板是由不同树种的板材交错层压而成，在一定程度上克服了实木地板湿胀干缩的缺点，干缩湿胀率小，具有较好的尺寸稳定性，并保留了实木地板的自然木纹和舒适的脚感（图2-36）。

实木复合地板兼具强化地板的稳定性与实木地板的美观性，而且具有环保优势。

图2-35 实木地板　　　　　　　　　　　　　图2-36 实木复合地板

6. 玻璃

混凝土、钢铁和玻璃的出现催生了现代建筑，而随着高层住宅等的建造，玻璃因其独特的效果成为建筑装饰中最普遍的一种材料，也因其独特的装饰效果和材料特性越来越受到设计师的关注，各种新型建筑装饰玻璃的新产品不断涌现。尤其是当下，室内空间逐渐向个性化、艺术化、定制化方向发展，大面或局部采用玻璃材质的艺术处理和点缀既能丰富室内空间的艺术形象，又能提高空间的实用功能、经济价值和社会价值（图2-37）。因此，了解常见玻璃的基本属性、特点、适用场所等知识，搭建起关于玻璃材料的知识体系，是每个设计师的必修课程。

图 2-37　玻璃隔断

玻璃在建筑装饰工程项目中应用广泛，玻璃应用在室内设计项目中，统称为装饰玻璃，如常见的彩绘玻璃、隔断屏风、玻璃墙面、玻璃地面、玻璃家具、玻璃灯具等。这类产品更多的是根据设计师的创意定制加工，可塑性很强，创造出的视觉效果很炫目，因此玻璃受到了设计师的喜爱，也让更多室内设计师在设计作品时有了全新的思路。

7. 材料方案的确定

下面针对小户型空间设计进行材料方案的确定。

材料方案的选择是设计效果质量的保障，体现设计品质，最能体现以人为本的设计理念。

在设计过程中，同学们很容易出现这样的问题：平面设计图确定以后，就开始用各种制作软件进行辅助设计，在进行效果表现时很容易出现各种材质的堆砌运用，如图2-38所示是同学们设计制作的中式书房效果图，虽然使用了很多木材质，但并没有进行木材质的规划，变成了各种木材的堆砌，不符合业主的要求。

造成这样的原因主要是设计者缺乏整体材料方案规划，依赖计算机辅助设计，随心所欲，这类作品不管参加比赛，还是设计师给业主展示，都很难打动对方。

怎样解决这个问题呢？设计师必须要有材料方案的提出和确定。

设计师分析了业主需求，业主陈先生要求装修风格为新中式风格。如何体现新中式风格？设计师得诠释业主需要的品质生活——现代而温和、精致而舒适的设计理念，接下来的问题就是用什么方法和手段来诠释风格主题？

图 2-38　木材质的堆砌

　　设计师的方法是从自然当中提取元素。例如"现代而温和"元素的提炼，设计师从自然界水元素中提取，把握水韵律的特色，从而抽象出设计材质、色彩的应用，如图 2-39 所示。

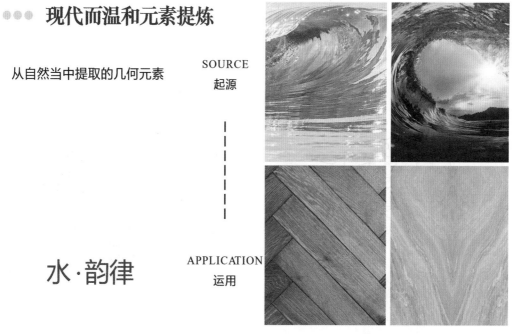

图 2-39　材质的提取（一）

　　"精致而舒适"从自然界的花卉元素中提取，把握花卉灵性的特色，从而抽象出设计材质、色彩方案的应用，如图 2-40 所示。

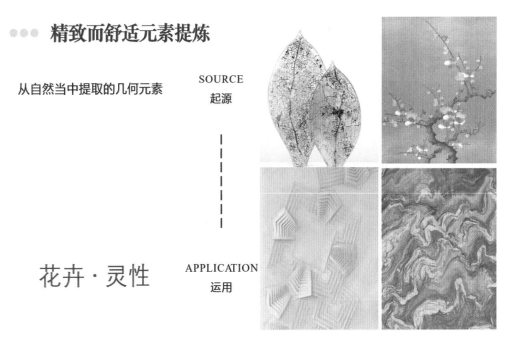

精致而舒适元素提炼

从自然当中提取的几何元素

SOURCE
起源

花卉·灵性

APPLICATION
运用

图 2-40　材质的提取（二）

　　"温馨和高品质"从人文和自然当中提取元素，例如户外的一张温馨的家庭合照，针对"专属的温馨"的氛围进行元素提炼，从而形成色彩方案和材质方案，如图 2-41 所示。

温馨和高品质元素提炼

从自然当中提取的几何元素

SOURCE
起源

专属的温馨

APPLICATION
运用

图 2-41　材质的提取（三）

　　通过以上分析，我们对"温和、精致而舒适的表现"有了足够的理解和形象的认知以后，可以在设计的材质、配饰、色彩上凝练出关键字，如原木肌理、棉麻材质、硅藻泥等。

　　接下来，对平面设计方案中的各个功能空间确定材料方案，包括材质、色彩等内容的确定（图 2-42）。

　　各个功能空间的立面材料方案的选定可以在之前的风格分析基础上，使用一些成功的设计案例参照进行，如客厅、厨房（图 2-43、图 2-44）。

●●● 材料方案确定

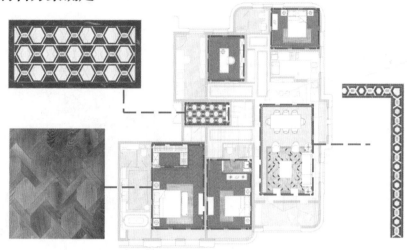

图 2-42　材料方案确定

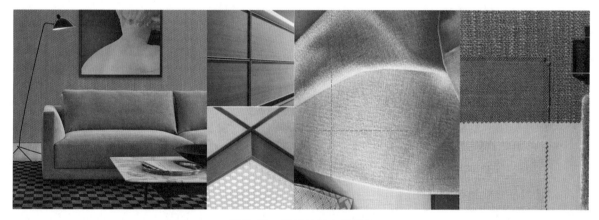

图 2-43　客厅材料方案案例

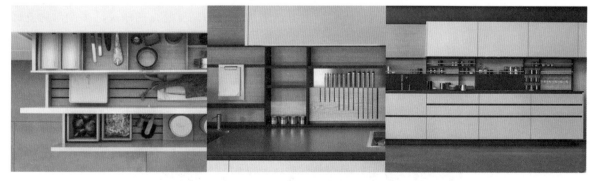

图 2-44　厨房材料方案案例

对设计方案中的各个空间进行材料方案设计之后，再开始进行效果图的制作，这样才能准确把握设计方向，设计出能体现风格理念的优秀方案。

8. 实战练习

请根据本任务的学习内容，按照设计流程，使用书末所附活页开展实战练习。

任务 2-5　立面与顶棚设计

1. 立面设计的要点

（1）同一空间内的各立面处理必须在同种风格的统一下进行，装饰、装修要与立面特定要求相协调，达到高度的、有机的统一（图 2-45）。

（2）不同使用功能的空间，具有不同的空间性格和不同的环境气氛要求。在室内空间环境的整体氛围上，立面设计要服从不同功能的室内空间的特定要求。

（3）立面与其他界面一样作为室内环境的背景，对室内空间、家具和陈设起到烘托、陪衬的作用，必须坚持以简洁明快、淡雅为主；切忌过分突出。

图 2-45　立面、顶棚设计案例

（4）充分利用材料质感。

（5）充分利用色彩的效果。

（6）利用照明及自然光影在创造室内气氛中起烘托作用。

（7）在建筑物理方面，如立面需要进行保温隔热、隔声、防火、防水等技术处理，主要是按照需要及条件来进行考虑和选择。

（8）构造施工上要简洁、经济合理。

2. 立面设计的方法

（1）形状。形状由面构成，面由线构成。室内空间立面中的线主要有直线、曲线、分隔线和由于表面凹凸变化而产生的线。这些线可以体现装饰的静态或动态，可以调整空间感，也可以反映装饰的精美程度。例如，密集的线是有极强的方向性的，横向的直线可以使空间显得更深远，有助于小空间增大空间感；竖向的线条可以把人们的视线引向上方，增加空间的高度感；曲线灵活多变，为立面增添了柔美表情（图 2-46）。

图 2-46　立面设计案例（一）

室内空间中的立面具有各种不同的形状。不同形状的面会给人不同的联想和感受。例如，棱角尖锐形的面，给人以强烈、刺激的感觉；圆滑形的面，给人柔和、活泼的感觉；扇形的面，使人感到轻巧与华丽；梯形的面，给人坚固和质朴的感觉；正圆形的面，中心明确，具有向心力和离心力等。正圆形和正方形属于中性形状，因此，设计者在创造具有个性的空间环境时，常常采用非中性的自由形状。

形体在室内空间立面上也较多出现。如墙面上的漏窗、景洞、挂画、壁画等采取什么样的轮廓，都涉及形与形之间的关系，以及形状的特征与性格。这里的形体可以从两个方面来理解：一方面是立面围成的空间；另一方面是立面的表面显示出来的凹凸和起伏。前者是空间的体形，后者主要是指大的凹凸和起伏。

设计中的线、面、形要统一考虑其综合效果。面与面相交所形成的交线可能是直线、折线，也可能是曲线，这与相交的两个面的形状有关（图 2-47）。

（2）图案。立面是有形有色的，这些形与色在很多情况下，又表现为各式各样的图案。室内环境能否统一协调而不呆板、富于变化而不混乱，都与图案的设计密切相关。色彩、质感基本相同的装饰可以借助不同的图案使其富有变化，色彩、质感差别较大的装饰可以借相同的图案使其相互协调（图 2-48）。

图 2-47　立面设计案例（二）　　　　　　图 2-48　图案在立面设计中的应用

1）图案的作用。

①图案可以利用人们的视觉来改善界面或配套设施的比例。一个正方形的墙面，用一组平行线装饰后，看起来像矩形。将相对的两个墙面全部这样处理后，平面为正方形的房间，看上去就会显得更深远。

②图案可以赋予空间静感或动感。纵横交错的直线组成的网格图案，会使空间具有稳定感。斜线、折线、波浪线和其他方向性较强的图案，会使空间富有运动感。

③图案还能使空间环境具有某种气氛和情趣。例如，装饰墙采用带有透视性线条的图案，与顶棚和地面连接，给人浑然一体的感觉。

2）图案的选择。

①在选择图案时，应充分考虑空间的大小、形状、用途和性格。动感强的图案，最好用在入口、走道、楼梯和其他气氛轻松的公共空间，而不宜用于卧室、客厅或其他气氛闲适的房间；过分抽象和

变形较大的动植物图案，只能用于成人使用的空间，不宜用于儿童房间；儿童用房的图案应该富有更多的趣味性，色彩可鲜艳明快些；成人用房的图案，则应慎用纯度过高的色彩，以使空间环境更加稳定和统一。

②同一空间在选择图案时．宜少不宜多，通常不超过两个图案。如果选用超过 3 个或 3 个以上的图案，则应强调突出其中一个主要图案，减弱其余图案，否则，会造成视觉上的混乱。

（3）质感。在选择材料的质感时，应把握好以下几点：

1）要使材料性格与空间性格相吻合。室内空间的性格决定了空间气氛，空间气氛的构成与材料性格紧密相关，因此，在材料选用时，应注意使其性格与空间气氛相配合。例如，严肃性空间可以采用质地坚硬的花岗石、大理石等石材；活跃性空间则要采用光滑、明亮的金属材料和玻璃；休息性空间可以采用木材、织物、壁纸等舒适、温暖、柔软性的材料（图 2-49）。

2）要充分展示材料自身的内在美。天然材料巧夺天工，自身具备许多人无法模仿的美的要素，如图案、色彩、纹理等，因而在选用这些材料时，应注意识别和运用，充分体现其个性美，如石材中的花岗石、大理石；木材中的水曲柳、柚木、红木等，都具有天然的纹理和色彩。因此，在材料的选用上，并不意味着高档、高价便能获得好的效果；相反，只要能使材料各尽其用，即使花较少的钱，也可以获得较好的效果。

3）要注意材料质感与距离、面积的关系。同种材料，当距离远近或面积大小不同时，它给人们的感觉往往是不同的。光洁度好的表面的材质越近，感受越强；越远，感受越弱。例如，光亮的金属材料，用于面积较小的地方，尤其在作为镶边材料时，显得光彩夺目，但当大面积应用时，就容易给人以凹凸不平的感觉；毛石墙面近观很粗糙，远看则显得较平滑。因此，在设计中，应充分把握这些特点，并在大小尺度不同的空间中巧妙运用（图 2-50）。

图 2-49　立面质感的应用

图 2-50　材料质感的应用

4）要注意与使用要求相统一。对不同功能的使用空间，必须采用与之相适应的材料。例如，有隔声、吸声、防潮、防火、防尘、光照等不同要求的房间，应选用不同材质、不同性能的材料；对同一空间的不同立面，也应根据耐磨性、耐污性、光照等方面的不同要求而选用合适的材料。

5）要注意材料的经济性。选用材料必须考虑其经济性，且应以低价高效为目标。即使装饰高档的空间，也要搭配好不同档次的材料，若全部采用高档材料，反而给人浮华、艳俗之感。

3. 立面设计形式

普通墙面通常遵循艺术规律设计，用比例、尺度、节奏、旋律、均衡等艺术手段去组合墙面。墙面的形式很多，设计者可以作为普通的围护结构考虑，还可以把它作为一个艺术品设计，因此墙面设计形式很难归类，这里从内墙装饰的角度将墙面设计形式分成三类：传统式墙面、整体墙面、立体墙面。

（1）传统式墙面。传统式墙面是在室内墙立面上做高度方向的三段设计，这种墙面设计手法具有很久的历史，设计理念是以使用功能为出发点，完善建筑墙体的围护。同时经长期的比例构图的推敲，这种立面构图符合传统的构图原则。

传统式墙面是将立面自下而上分为三个部分：第一部分是踢脚和墙裙部分；第二部分是墙身部分；第三部分是顶棚与墙交角形成的棚角线部分。在有些设计中，没有设计墙裙或只设计了腰线，这些都是传统式的扩展形式（图2-51）。

传统式墙面的设计方法是室外古典三段式墙面设计的延续，符合严谨的传统建筑构图法则，下面可看成基座，上面有收口，符合大多数人的审美观点，既能满足简洁明快的设计风格，又能展示富丽堂皇的一面。因此这种设计形式广为设计者采用，设计作品经久不衰，为人们所接受。

（2）整体墙面。这种墙面自下而上用一种或几种材料装饰而成，整体墙面图案完整。这种墙面的特点是墙面风格统一，简洁明快，节奏感强，如果不设踢脚和阴角线，考虑到踢脚处易损坏的特点，在设计中选用材料时，要注意材料的质地坚硬些，材料的分隔要均匀并有节奏变化。从选用元素的角度出发，可将整体墙面分为以材料为主的墙面和以图案为主的墙面。

1）以材料为主的墙面。在整体墙面的设计上采用一种材料来装饰完整墙面的做法。在设计上这一种材料为墙面的绝对重点。其他材料分量较小，可以忽略不计。此种墙面简洁、高雅，施工也比较方便（图2-52）。

图2-51　传统式墙面　　　　　　　　　　图2-52　以材料为主的墙面

2）以图案为主的墙面。在整体墙面的设计上采用几种材料并组合成完整图案来装饰完整墙面的做法。在以图案为主的设计中，可选用几种不同材质或不同色彩的装饰材料，组成图案清晰、完整的整体墙面。这种墙面装饰性强、视觉感受明显（图2-53）。

图 2-53 以图案为主的墙面

整体墙面可供选择的材料较多，应用场合较广泛，如宾馆、商场、居室等空间均可局部或整体采用。

（3）立体墙面。随着建筑装饰的不断发展，墙面作为人的视线首先感受的界面，受到了越来越多的人重视。设计者不满足旧有的墙面设计方式，在一些讲究气氛、渲染环境的空间中，立体墙面相继出现。这种墙面不在一个垂直面上，有时局部凸出墙面，有时局部凹入墙面，还有墙面做多层叠级处理，使墙面立体感强且生动，有些还具有运动感，烘托气氛十分理想。以建筑墙体体积的走向分析，可将立体墙面分为以凸为主的墙面、以凹为主的墙面、凸凹均有的墙面。

1）以凸为主的墙面。这种墙面是在原有建筑墙面的基础上附加一些带有体积感的装饰元素，形成凸出墙面的立体效果。该墙面一般情况下不会破坏建筑墙体，施工也较为方便，但是凸出部分会占用部分室内空间，对于一些室内空间较小的墙面设计时要谨慎考虑（图 2-54）。

2）以凹为主的墙面。这种墙面是在原有建筑墙面的基础上，经过附加墙面的重新装饰，形成凹入墙面的立体效果。这种墙面是利用凸出部分做装饰墙体，但视觉上只能看到装饰后的以凹为主的墙体。该墙体也会占用部分室内空间，不利于一些室内空间较小的墙面设计，但装饰效果比较高雅，尤其形成的墙面各种光龛小空间，在灯光的照射下，将墙面装饰得非常有品位（图 2-55）。

图 2-54 以凸为主的墙面

图 2-55 以凹为主的墙面

3）凸凹均有的墙面。以原墙面为基准平面，通过附加墙面和凹入墙面，使墙面上的凸凹变化均为视觉中心的墙面设计手法。对于有些空间，需要灵活、前卫、动感的墙体界面设计。凸凹均有的墙面就是一种比较好的选择。这种墙面在灯光的照射下，光影变化丰富（图2-56）。

图 2-56 凹凸均有的墙面

4. 顶面造型设计

顶面造型设计是室内设计的重要部分之一。吊顶在整个居室装饰中占有相当重要的地位，对居室顶面作适当的装饰，不仅能美化室内环境，还能营造出丰富多彩的室内空间艺术形象。在选择吊顶装饰材料与设计方案时，要遵循既省材、牢固、安全又美观、实用的原则。

（1）吊顶按照形式分类。

1）平面式吊顶。平面式吊顶是指表面没有任何造型和层次，这种顶面构造平整、简洁、利落大方、材料也较其他的吊顶形式节省，适用于各种居室的吊顶装饰，尤其是层高不高的空间（图2-57）。

2）凹凸式吊顶（通常叫造型顶）。凹凸式吊顶是指表面具有凹入或凸出构造处理的一种吊顶形式。这种吊顶造型复杂，富于变化，层次感强，适用于客厅、门厅、餐厅等顶面装饰。它常常与灯具（吊灯、吸顶灯、筒灯、射灯等）搭接使用（图2-58）。

图 2-57 平面式吊顶

图 2-58 凹凸式吊顶

3）井格式吊顶。井格式吊顶是利用井字梁因形利导或为了顶面造型所制作的假格梁的一种吊顶形式。配合灯具以及单层或多种装饰线条进行装饰，丰富天花的造型或对居室进行合理分区（图2-59）。

4）玻璃式吊顶。玻璃式吊顶是利用透明、半透明或彩绘玻璃作为室内顶面的一种形式，这主要是为了采光、观赏和美化环境，可以做成圆顶、平顶、折面顶等形式，给人明亮、清新、室内见天的神奇感觉（图2-60）。

图 2-59　井格式吊顶

图 2-60　玻璃式吊顶

（2）吊顶按照使用材料分类。吊顶按照使用材料分类可分为轻钢龙骨石膏吊顶、石膏板吊顶、夹板吊顶、异形长条铝扣板吊顶、方形镀漆铝扣板吊顶、彩绘玻璃吊顶、铝蜂窝穿孔吸声板吊顶。

（3）顶面设计要求。

1）用来遮挡结构构件及各种设备管道和装置。

2）对于有声学要求的房间顶棚，其表面形状和材料应根据音质要求来考虑。

3）吊顶是室内装修的重要部位，应结合室内其他各界面进行统筹考虑，装设在顶棚上的各种灯具和空调风口应成为吊顶装修的有机整体。

4）要便于维修隐藏在吊顶内的各种装置和管线。

5）吊顶应便于工业化施工，并尽量避免湿作业。

5. 实战练习

请根据本任务的学习内容，按照设计流程，使用书末所附活页开展实战练习。

任务 2-6 照明设计

居室采光方式主要分为自然采光和人工照明两种形式。在白天，居室空间尽量以环保、健康、舒适、节能等自然采光为主，由于受到房间方向、位置和时间的影响，在自然光无法满足需要的情况下，就要采用人工照明进行补充。根据其自然采光和人工照明的不同特点，两者采光形式相互补充，达到理想的效果。

采光与照明设计是居室环境氛围营造的一个重点因素，除满足一般照明要求外，还可以通过采光与照明方式进行空间组织，改善空间、渲染环境氛围以及体现空间特色。

1. 居室空间照度

居室各功能空间因为用途的不同，对光的照度要求也不同。照度是被光照的某一面上其单位面积内所接收的光通量（单位：lx）。在室内能辨别出物体形象的照度为 20 lx；娱乐的照度为 150 ～ 300 lx；看书学习的照度为 500 ～ 1 000 lx；……居室的照度应合理设置，过强或过弱的光线对健康以及空间使用效果都是有影响的。

2. 照明方式

图 2-61 直接照明示意

（1）直接照明。直接照明是 90% ～ 100% 的光线直接照射物体，一类是没有灯罩的灯泡、日光灯、白炽灯所发射的光线，另一类是灯泡、日光灯、白炽灯布置有不透明的灯罩，光源直接向下投射到被照面，如图 2-61 所示。

（2）半直接照明。半直接照明是指照明器具用半透明灯罩罩在上部，光源 60% ～ 90% 的光量直接投射到被照物上，而有 10% ～ 40% 的光量投射到其他物体上的照明方式，如图 2-62 所示。

（3）间接照明。光源被遮蔽间接投射到被照物体上，把 90% ～ 100% 的光投射到顶面或墙上。这种照明光量弱，光线柔和，无眩光和明显阴影，具有安详、平和的气氛，如图 2-63 所示。

图 2-62 半直接照明

图 2-63 间接照明

（4）半间接照明。光源 60% 以上的光经过反射后照到被照物体上，只有少量光直接射向被照物体。其光线相对柔和，如图 2-64 所示。

（5）漫射照明。利用半透明磨砂玻璃罩、乳白罩或特制的格栅，使照射到各个方向上的光线大致相同，形成多方向的漫射，其光线柔和，如图 2-65 所示。

图 2-64　半间接照明

图 2-65　漫射照明

3. 照明设计基本原则

居室照明设计的基本原则是实用、舒适、安全、经济。照明设计要满足功能要求，使视觉感觉舒服和达到营造室内气氛的效果。

（1）照度适宜。照度的确定要考虑视觉需要，居室的明度由于功能的不同，对照度要求也不一样，不能极明或极暗，要注意主要部分与附属部分照度适宜与均衡。

（2）照明均匀、稳定。衡量光的质量因素之一是照明的均匀性和稳定性。均匀性一般是指照度均匀和亮度均匀。视觉是否舒服在很大程度上取决于照明的均匀性。稳定性是指视野内照度或亮度保持标准的一定值，不产生波动，光源不产生频闪效应。

（3）光色效果。

1）色温。色温是人眼感受到的光源的颜色，色温就是专门用来度量和计算光线的颜色成分的方法，单位是开尔文（K），不同的色温光源适用于不同的功能场所。

低色温光源的特征：能量分布中红辐射的比例相对大些，通常称为暖光；色温提高后，能量分布中蓝辐射的比例增加，通常称为冷光。一些常用光源的色温为：标准烛光为 1 930 K；钨丝灯为 2 760 ～ 2 900 K；荧光灯为 3 000 K；闪光灯为 3 800 K；中午阳光为 5 600 K；电子闪光灯为 6 000 K；蓝天为 12 000 ～ 18 000 K。

2）显色性。显色性是指光源对物体颜色呈现的真实程度，用显色指数 Ra 表示。光源的显色指数越高，其显色性能越好（表 2-1）。

表 2-1　不同光源的显色性

光源种类	色温 /K	显色性（Ra）
白炽灯	2 800	100
卤素灯	2 950	100
暖白色荧光灯	3 500	59
冷光色荧光灯	4 200	98
日光色荧光灯	6 250	77
低压钠灯	1 800	48
高压钠灯	1 950	27
汞灯	3 450	45
金属卤化物灯	5 000	70

（4）防止眩光。良好的光环境应该尽量地避免眩光的产生。室内光环境可以通过以下几个方面的控制调节来避免眩光：光源的亮度不要过高；增大视线与光源之间的角度；提高光源周围的亮度；避免反射眩光。

4. 照明设计程序

照明设计程序见表 2-2。

表 2-2　照明设计程序

序号	设计程序	步骤	内容
1	用途和目的	确定内容	确定建筑室内照明设施的用途
		确定目的	确定需要照明设施所达到的目的，如各种功能要求及气氛要求等
2	适当照度	选择照度	根据活动性质、活动环境及视觉条件选定照度标准
		确定照度分布	
3	照明质量	确定亮度分布	室内最亮面的亮度、工作面的亮度与最暗面的亮度之比，同时要考虑主体物与背景之间的亮度比与色度比
		光的方向、扩散	一般需要明显的阴影和光泽面的光亮场合，选择有指示性的光源，为了得到无阴影的照度，应选择有扩散性的光源
		避免眩光	光源的亮度不要过高； 增大视线与光源之间的角度； 提高光源周围的亮度； 室内装饰的色彩效果及气氛等

序号	设计程序	步骤	内容
4	选择光源	色光效果及心理效果	需要识别色彩的工作地点及天然光不足的房间可采用荧光灯； 充分考虑目的物的变色与变形； 充分考虑室内装饰的色彩效果及气氛等
		发光效率的比较	一般功率大的光源，发光的效率高，一般荧光灯是白炽灯的 3 ～ 4 倍
		光源使用时间	白炽灯约为 1 000 小时，荧光灯约为 3 000 小时
		灯泡表面温度的影响	白炽灯各种放置方式的表面温度不同，荧光灯的表面温度约为 40 ℃
5	选择照明方式	选择照明类型（按活动面上的分类）	直接照明、半直接照明、漫射照明、半间接照明、间接照明
		照度分布（按活动面上的分类）	整体照明、局部照明、混合照明
		发光顶棚	光檐（或光槽）、光梁（或光带）、发光顶棚（设格子或漫射材料）
6	灯具选择	灯具的形式	灯具的造型及风格与空间设计风格的协调统一

任务 2-7　效果图制作

1. 效果图制作

室内设计效果表现图（简称效果图），可以让我们穿越未来，通过照片、全景图等形式提前定格装潢效果，也为实际的施工提供了蓝图参考。而且能够通过效果图这样直接的表现，使设计师与客户进行更直观的沟通。效果图制作可以是手绘的，也可以是计算机辅助制作的，在这里主要指计算机辅助制作的效果图。

室内设计效果表现图的制作需要用到几款建模、渲染软件。

首先是建模软件，如 CAD、SketchUp、3ds Max 软件都是可以用于模型制作的软件。从室内架构到家具、装饰材质，都可以在软件中建立起逼真的 3D 模型。其次是渲染软件，现在室内设计行业中，主流的渲染软件是 VRay。所谓渲染，就是指通过软件，在图像中模拟布光与反射，创造逼真的材质、光照效果。最后，在效果图完成后，可能还需要 PS、AI 等修图工具进行最终的调整。

当然，制作室内设计效果表现图，并不仅仅是依靠软件操作就能完成，它需要有足够的专业知识作为理论支撑，扎实的技法基础作为实践支撑，比如各类材质的特点、各类光源的照射效果、物理相机的使用方法，以及之前已经学习的风格分析与确定、人体工学分析、动线分析、材料方案确定等，都是制作效果图必备的知识和技能基础。要切忌不能纯粹为了视觉效果，不顾居住空间设计的各种要求制作效果图，否则效果图将失去其应有的作用。

随着人工智能的发展，越来越多的易操作软件诞生，为学生进行快捷的效果图制作提供了极大的帮助，由于课时有限，本书不再讲解效果图制作软件。

2. 实战练习

请结合本任务与任务 2-6 的学习内容，按照设计流程，使用书末所附活页开展实战练习。

任务 2-8　全景效果制作

　　3D全景展示现在已经是一种常见的沉浸式展示方式，效果图虽然也能真实地再现空间实际效果，但它还停留在静态的、单帧的展示上。随着虚拟现实技术的发展，全景效果展示更能为业主提供沉浸式的空间环境体验，它带给用户身临其境的体验，具备高效的参与性和交互性。将空间设计风格和特点淋漓尽致地展现给业主，可以更好地使方案通过审核，也能够更快地发现空间设计的问题并及时进行修改。

　　随着酷家乐等云设计平台的出现，全景效果制作变得非常快捷，同学们可以扫描图2-66所示二维码来体验一个直观的全景效果。

图 2-66　全屋漫游案例

在这里通过酷家乐等云设计平台体验全景效果的制作。

实战练习：

请根据本任务的学习内容，按照设计流程，使用书末所附活页开展实战练习。

任务 2-9　施工图输出

1. 施工图要求

2023 年全国职业院校技能大赛设置了建筑装饰数字化施工赛项，融入了 BIM 室内设计的理念。施工图设计一直是学生学习的短板，学生缺乏实际工作经验，对装饰材料、工艺缺乏深入了解，对施工图的绘制缺乏深入的理解。通过 Revit、酷家乐等软件平台的支持，学生可以得到较为合理的施工图，当然这要求学生具有相应的建筑装饰制图与识图基础，对制图的规范要有基本的了解。随着人工智能技术的不断发展，还将有更多高效、精准的软件平台出现。

居住空间设计施工图应包括封面、目录、平面图类、立面图类、大样图类、水电设备图类以及各类物料表。其中平面图类包含了总平面布置图、间墙平面图、材料铺装图、顶棚图（也叫天花平面图）、顶棚安装尺寸施工图等，水电设备图类包含了弱电控制分布图、给排水平面图、电插座平面图、开关控制平面图。

施工图的技术要求应严格按照国家或行业标准《房屋建筑制图统一标准》（GB/T 50001—2017）、《建筑装饰装修制图标准》（DB32/T 4538—2022）等执行。

（1）封面。封面的内容包括项目名称、图纸性质（方案图、施工图、竣工图）、时间、档号、公司名称等。

（2）图纸目录表。图纸目录应严格与具体图纸图号相对应，制作详细的索引，以方便查阅。

（3）平面图类。平面图比例通常为 1∶50、1∶100、1∶150、1∶200，尽量少用其他如 1∶75、1∶30、1∶25 等不利于换算的比例数值，平面图中的图例要根据不同性质的空间选用图库中的规范图例。

1）总平面布置图。

①反映家具及其他设置（如卫生洁具、厨房用具、家用电器、室内绿化等）的平面布置。

②反映各房间的分布及形状大小、门窗位置及其水平方向的尺寸。

③注全各种必要的尺寸及标高等，注明内视符号。

④标出各个空间的平面面积，图标图纸名称后面标注该套房的建筑外框面积或实用面积。

⑤准备一张半透明的描图纸打印的天花平面图覆盖此平面上，以方便核对灯位及灯光设置的对应。

⑥指北针的标注需清晰、准确地放在图框右上角。

2）间墙平面图。

①图例规范：分别标出剪力墙、原有间墙、新建间墙、玻璃间墙等。

②标明新建墙体厚度及材质，标明平面完成地面的高度。

③标明预留门洞尺寸、预留管井及维修口位置。

④保留原有建筑框架平面图，便于施工核算拆墙成本。

3）材料铺装图。

①反映楼面铺装构造、材料规格名称、制作工艺要求等。

②用不同的图例表示出不同的材质，并在图面空位上列出图例表。

③标出起铺点，注意地面石、门槛石、挡水石，波打线、踢脚线应做到对线对缝（特殊设计除外）。

④标出材料相拼间缝大小、位置。

⑤标出完成面、地面填充台高度。

⑥地面铺砌方法、规格应考虑出材率，尽量做到物尽其用。

⑦特殊地花的造型须加索引指示，另做放大详图，并配比例格子放线，以方便订货。

4）顶棚图。

①反映顶棚表面处理方法、主要材质、顶棚平面造型。

②反映顶棚灯具、各设备布置形式，暗装灯具用点画线表示。

③标出窗帘盒位置及做法。

④标出伸缩缝、检修口的位置，并用文字注明其装修处理方式。

⑤标出中庭、中空位置。

⑥以地面为基准标出顶棚各标高。

⑦造型的顶棚须标出施工大样索引和剖切方向。

5）顶棚安装尺寸施工图。顶棚造型复杂时，应加上顶棚安装尺寸施工图，多数情况下可以与顶棚图合并。

①标出灯具布置定位、灯孔距离（以孔中心为准）。

②标出顶棚造型的定位尺寸。

③标出各设备的布置定位尺寸。

（4）水电设备图类。

1）开关控制平面图。

①电气说明及系统图放在开关控制平面图的前面，或在图面空位上列出图例表。

②图例严格规范，电气接线用点画线表示。

③注明开关的高度（如 H1300）。

④标明感应开关、计算机控制开关位置，要注意其使用说明及安装方式。

⑤开关位置的美观性要从墙身及摆设品作综合的考虑。

2）电插座平面图。

①在平面图上用图例标出各种插座，并在图面空位上列出图例表。

②平面家具摆设应以浅灰色细线表示，方便插座图例一目了然。

③标出各插座的高度、离墙尺寸。普通插座（如床头灯、角几灯、清洁各用插座及各用预留插座）高度通常为 300 mm；台灯插座高度通常为 750 mm；电视、音响设备插座通常为 500 ～ 600 mm；冰箱、厨房预留插座通常为 1 400 mm；分体空调插座的高度通常为 2 300 ～ 2 600 mm。

④弱电部分插座（如电视接口、宽带网接口、电话线接口）高度和位置应与插座相同。

⑤强弱电分管分组预埋，参见强弱电施工规范。

3）给排水平面图。

①给排水说明放在给排水平面图前面（按国家设计规范编写），或在图面空位上列出图例表。

②根据平面标出给水口、排水口位置和高度，根据所选用的洁具、厨具定出标高（操作台面的常规高度为 780 ～ 800 mm）。

③标出生活冷水管、热水管的位置和走向。

④标出空调排水走向。

⑤标出分水位坡度及地漏的位置，要考虑排水效果。

（5）立面图类。

1）立面图的常用比例为 1：20、1：25、1：30、1：50。

2）反映投影方向可见的室内轮廓线、墙面造型及尺寸、标高、工艺要求。

3）反映固定家具、装饰物、灯具等的形状及位置。

4）立面要根据顶棚平面画出其造型剖面（若顶棚造型低于墙身立面顶点，为不影响立面饰面的如实反映，顶棚造型轮廓线用虚线表示）。

5）立面的暗装灯具用点画线表示，门的开启符号用虚线表示。

6）在立面图的左侧和下侧标出立面图的总尺寸及分尺寸，上方或右侧标注材料的编号、名称和施工做法。

7）尽量在同一张图纸上画齐同一空间内的各个立面，并于立面图上方或下方插入该空间的分平面图（局部），让观者清晰地了解该立面所处的位置。

8）所有的立面比例应统一，并且编号尽量按顺时针方向排列。

9）单面墙身不能在一个立面完全表达时，应在适宜位置用折断符号断开，并用直线连接两段立面。

10）图纸布置要比例合适、饱满，序号应按顺时针方向编排；注意线型的运用，通常前粗后细。标出剖面、大样索引（索引应为双向）；立面编号用英文大写字母符号表示。

（6）大样图类。

1）大样图的常用比例为 1：20、1：10、1：5、1：2、1：1。

2）有特殊造型的立面、顶棚均要画局部剖面图及大样图，详细标注尺寸、材料编号、材质及做法。

3）反映各面本身的详细结构、材料及构件间的连接关系和标明制作工艺。

4）反映室内配件设施的安装、固定方式。

5）独立造型和家具等需要在同一图纸内画出平面、立面、侧面、剖面及节点大样。

6）剖面及节点标注编号用英文小写字母符号表示，并为双向索引。

7）所有的剖面符号方向均要与其剖面大样图一致。

2. 实战练习

请根据本任务的学习内容，按照设计流程，使用书末所附活页开展实战练习。

任务 2-10　软装设计

相对于项目 1，小户型空间设计、软装设计是本项目要关注的重点，接下来学习软装设计的相关知识。

1. 室内软装设计的作用

软装设计的目的是创造一种更合理、舒适、美观的环境空间。陈设艺术的历史是人类文化发展的缩影，陈设艺术反映了人们从愚昧到文明、从茹毛饮血到现代化的生活方式。在漫长的历史进程中，不同时期的文化赋予了陈设艺术不同的内容，也造就了陈设艺术多姿多彩的艺术特性。随着时代的进步，家具在具有实用功能的前提下，其艺术性还在被人们重视。一幅画、一个造型丰满的陶罐、一组怀旧的照片、一小株自己栽培的植物、自己精心加工的小工艺品，只要有利于怡心、养智，都可以充分利用。室内软装设计的具体作用如下：

（1）改善空间形态，创造二次空间，丰富空间层次。在室内空间中由墙面、地面、顶面围合的空间称为一次空间，一般很难改变其形状，除非进行改建，但这是一项费时、费力、费钱的工程，而利用室内陈设物分隔空间是首选的好办法，利用家具、地毯、雕塑、景墙、水体等创造出二次空间，使其层次丰富、使用功能更趋合理，更能为人所用，这是一个经济又实用的方式。通过软装设计营造空间设计对空间营造视觉上的领域感和心理情感上的归属感，增强了室内空间的独立性和私密性（图 2-67）。

图 2-67　利用地毯、家具构建二次空间

（2）柔化室内空间。当今时代的高楼大厦使人们更强烈要求柔和、闲适的空间。随着现代科技的发展，城市钢筋混凝土建筑群耸立，大片玻璃幕墙、光滑的金属材料，凡此种种构成了冷硬、沉闷的空间，使人们企盼着悠闲的自然境界，强烈地寻求个性的舒展。因此织物、家具等陈设品的介入，无

不使空间充满了柔和与生机、亲切和活力（图2-68）。

图 2-68 陈设品柔化室内空间

（3）烘托室内氛围。气氛即内部空间环境给人的总体印象，如欢快热烈的喜庆气氛、亲切随和的轻松气氛、深沉凝重的庄严气氛、高雅清新的文化艺术气氛等。意境则是内部环境所要集中体现的某种思想和主题，与气氛相比，意境不仅被人感受，还能引人联想、给人启迪，是一种精神世界的享受。意境好比人读了一首好诗，随着作者走进他笔下的某种意境。除了安逸、美观、舒适的基本需求，还有其特定的氛围（图2-69）。

图 2-69 绿化烘托意境

（4）强化室内风格。不同时代、国家、民族的文化赋予了陈设艺术不同的内容，形成了各式各样的风格。利用陈设的造型、色彩、图案、质感等特性可进一步加强环境的风格化。在当代社会，作为满足人们生活需要的艺术陈设，必须适应人们心理和生理的变化与发展。以家具为例，曾为我国的家具史和陈设写过光辉的一页，作为优秀文化遗产的明式家具，现在仍为众多喜爱中式风格的业主所采纳，而由新工艺制成的现代家具，也有很多喜爱现代风格的业主选择，设计师通过家具搭配组合强化的室内风格，也应该与时俱进、守正创新，使传统与现代融合发展，既满足不同业主的喜好，也顺应时代发展，传承中华优秀传统文化。现代家具的风格是随着工业社会的大发展和科学技术的发展应运而生的。家具材料异军突起，不锈钢、塑胶、铝材和大块的玻璃被广泛地使用。线条、色彩、光线和空间开始了新的对话，营造出了室内空间的现代气氛。由于各人实际情况差异，人们在陈设品的选择上往往大相径庭，从而形成了多种多样的室内设计风格（图 2-70）。

图 2-70　家具强化室内风格

（5）调节环境色调。室内陈设色彩与空间的搭配，既要满足审美的需要，又要充分运用色彩美学原理来调节空间的色调，这对人们的生理和心理健康有积极的影响。室内环境的色彩是室内环境设计的灵魂，室内环境色彩对室内的空间感、舒适度、环境气氛、使用效率，以及对人的心理和生理均有很大的影响。在一个固定的环境中，最先闯进人们视觉感官的是色彩，最具有感染力的也是色彩。不同的色彩可以引起不同的心理感受，好的色彩环境就是这些感觉的理想组合。人们从和谐悦目的色彩中产生美的遐想，化境为情，大大超越了室内的局限。人们在观察空间色彩时会自然把眼光放在占大面积色彩的陈设物上，这是由室内环境色彩决定的。室内环境色彩可分为背景色彩、主体色彩、点缀色彩三个主要部分。

1）背景色彩常指室内固有的天花板、墙壁、门窗、地板等建筑实施的大面积色彩。根据色彩面积的原理，这部分色彩宜采用低彩度的沉静色彩，如采用某种倾向于灰调子的较微妙的颜色，它能发挥其作为背景色的衬托作用（图 2-71）。

2）主体色彩是指可以移动的家具、织物等中等面积的色彩。实际上是构成室内环境的最重要的部分，也是构成各种色调的最基本的因素（图 2-72）。

3）点缀色彩是指室内环境中最易于变化的小面积色彩。如壁挂、靠垫、摆设品，往往采用较为突出的强烈色彩。

陈设物的色彩既可以作为主体色彩而存在，又可以作为点缀色彩。可见室内环境的色彩有很大一部分由陈设物决定的。室内色彩的处理，一般应进行总体控制与把握，即室内空间六个界面的色应统一协调，但过分统一又会使空间显得呆板、乏味，陈设物的运用点缀了空间、丰富了色彩。陈设品千姿百态的造型和丰富的色彩赋予室内以生命力，使环境生动活泼起来。

图 2-71 饰品调节环境色调

图 2-72 色彩协调

需要注意的是，切忌为了丰富色彩而选用过多的点缀色，这将使室内显得凌乱。应充分考虑在总体环境色协调的前提下适当点缀，以便起到画龙点睛的作用（图 2-73）。

4）体现地域特色，反映民族特色，陶冶个人情操。在全球化的大环境下，怎样保护并发扬优秀传统文化是一个值得探讨的课题。每个民族都有自己的特点，不同地区的人们有不同的行为方式和审美情趣，不同的空间主人有不同的身份、特点及喜好，当今时代自我意识彰显、多元文化融合，软装设计也与时俱进，更能表述心态上的自然、轻松和随意，格调高雅，造型优美，具有一定文化内涵的陈设品使人怡情悦目，陶冶情操。中华民族具有自己的文化传统和艺术风格，同时，各个民族的心理特征与习惯、爱好等也有所差异。这一点在陈设品中应予以足够重视（图 2-74）。

图 2-73 色彩点缀

图 2-74 饰品体现中式风格

5）空间的寓意。一般的室内空间应达到舒适、美观的效果，而有特殊要求的空间应具有一定的内涵，如纪念性室内空间、传统空间等。现代陈设品已超越其本身的美学界限而赋予室内空间以精神价值，如在书房中摆设根雕、中国画、工艺造型品、古典书籍、古色古香的书桌书柜等，这些陈设品的放置营造出一种文化氛围，使人们以在此学习为乐，进一步激发人们的求知欲。在这样的环境中，人们会更加热爱生活，我们可以看到很多艺术工作者在自己的室内空间放置既有装饰性又有很高艺术性的陈设品。这些陈设品中有很多是他们自己设计并制作的，在制作的过程中，不仅发挥了自己的特长，美化了环境，还从中学到了书本上没有的东西，提高了艺术鉴赏能力，增加了生活的情趣。

2.软装设计的要点

（1）室内软装设计的方法。室内软装设计的大原则从大处着眼、细处着手，总体与细部深入推敲，从里到外、从外到里，局部与整体协调统一；意在笔先或笔意同步，立象与表达并重。

一个空间必须有明确的整体气氛，如欢快热烈的喜庆气氛、亲切随和的轻松气氛、深沉凝重的庄严气氛、高雅清新的文化艺术气氛等，室内空间不同的风格，如古典风格、现代风格、中国传统风格、乡村风格、朴素大方的风格、豪华富丽的风格，陈设品的合理选择对室内环境风格起着强化作用。

因为陈设品本身的造型、色彩、图案、质感均具有一定的风格特征，因此，它对室内环境的风格会进一步加强。中式风格陈设品通常端庄典雅，意味深远，欧式古典风格陈设品通常装潢华丽、浓墨重彩，家具样式复杂、材质高档、做工精美。

（2）陈设照明的艺术。

1）注重灯光照度与效果。

2）考究色光与气氛。

3）关注对比度、光照度与人的心理感受。

4）强调灯具的构图效果与照明表现力。

3.室内软装设计原则

（1）形式美原则与方法：对比、和谐、对称、呼应、均衡、层次、延续、弯曲、节奏、倾斜、重复、置物、简洁、光雕、渐变、独特、置景、仿生、几何、色调、质感、丰富。

1）对比。对比是艺术设计的基本造型技巧，把两种不同的事物、形体、色彩等做对照，如方圆、新旧、大小、黑白、深浅、粗细、高矮、胖瘦、爱憎、喜忧等。把两个明显对立的元素放在同一空间中，经过设计，使其既对立又协调，既矛盾又统一。在强烈反差中获得鲜明形象性，求得互补和满足的效果。在室内陈设设计中，往往通过对比的手法，强调设计个性，增加空间层次，给人们留下深刻的印象（图2-75）。

2）和谐。和谐包含协调之意。室内陈设设计应在满足功能要求的前提下，使各种室内物体的形、色、光、质等组合得到协调，成为一个非常和谐统一的整体，在整体中的每一个个体，都在整体艺术效果的把握下，充分发挥自己的优势。和谐还可分为环境及物体造型的和谐、材料质感的和谐、色调的和谐、风格式样的和谐等。和谐能使人们在视觉上、心理上获得平静、平和的满足（图2-76）。

图 2-75　颜色对比、曲线和直线对比　　　　　　图 2-76　色调和谐

3）对称。古希腊哲学家毕达哥拉斯曾说过："美的线型和其他一切美的形体都必须有对称形式。"对称是形式美的传统技法。中国几千年前的彩陶造型证明，对称早为人类认识与运用。对称原本是生物形体结构美感的客观存在，人体、动物体、植物枝叶、昆虫肢翼均为对称形，对称是人类最早掌握的形式美法则。对称又分为绝对对称和相对对称。上下、左右为相对对称，同形、同色、同质为绝对对称，而在室内陈设设计中，经常采用的是相对对称，如同形不同质感、同形同质感不同色彩、同形同色彩不同质地的都可称为相对对称。对称给人感受秩序、庄重、整齐即和谐之美（图2-77）。

4）呼应。面对高大起伏群峦大声呼唤，几秒后必有回声反应，这种物理现象称为呼应。呼应如同形影相伴，在室内陈设布局中，顶棚与地面、桌面及其他部位，采取呼应的手法，形体的处理会起到对应的作用。呼应属于平衡的形式美，是各种艺术常用的手法，呼应也有"相应对称"之说，一般运用形象对应、虚实气势等手法求得呼应的艺术效果（图2-78）。

图 2-77　对称

图 2-78　呼应

5）均衡。生活中金鸡独立、演员走钢丝、从力的均衡到稳定的视觉艺术享受，使人获得均衡心理。均衡是依中轴线、中心点不等形而等量的形体、构件、色彩相配置。均衡和对称形式相比，有活泼、生动、和谐、优美的韵味。在室内陈设设计中，是指室内空间布局上，各种物体的形、色、光、质进行等同的量与数的均等，或近似相等的量与形的均衡。

6）层次。一幅装饰构图，要分清层次，使画面具有深度、广度，更加丰富。缺少层次则感到平庸。室内陈设设计同样要追求空间的层次感。如色彩从冷到暖，明度从亮到暗，纹理从复杂到简单，造型从大到小、从方到圆、从高到低、从粗到细，构图从聚到散，质地从单一到多样，空间形体的实与虚等都可以看成富有层次的变化。层次的变化可以取得极其丰富的陈设效果，但需用恰当的比例关系和适合现定空间层次的需求，只有适宜的层次处理，才能取得良好的装饰效果。

7）延续。延续是指连续伸延。人们常用形象一词指一切物体的外表形状，如果将一个形象有规律地向上或向下、向左或向右连续下去就是延续。这种延续手法运用于空间之中，使空间获得扩张感或导向作用，加深人们对环境中的重点景物的印象。

8）弯曲。在室内环境中用弯曲的线、面表现空间的变化，活跃空间层次，打破火柴盒似的死板，在当今室内设计中广为运用。弯曲有活跃、柔和、神秘等特色，是硬性的、死板的空间环境调和剂。

9）节奏。同一单纯造型，连续重复所产生的排列效果，往往不能引人入胜，但是，一旦稍加变化，适当地进行长、短、型、色彩等方面的突变、对比、组合，就会产生有节奏韵律、丰富多彩的艺术效果。节奏基础条件是条理性和重复性，节奏和韵律似孪生姐妹，节奏往往是反复机械之类，而韵律是情调在节奏中的作用，是情感需求的表现。

10）倾斜。倾斜的反义词是平稳，垂直平行的陈设在室内环境中屡见应用。设计的灵魂贵在构思独特。倾斜的做法是突破一般陈设规律大胆创新，留给人们感观的惊奇、新颖和回忆。倾斜的另一特点，在规矩的正方形、长方形空间里，斜线、斜体和垂直线、水平线、面形成强烈的对比，使空间更加活泼生动。

11）重复。重复不是单一体，是单一体的次序组合，也有反复连续之意。建筑构件装饰上选取相同构件重复排列，也能产生节奏，局部进行曲直、高低、粗细变化，还会形成韵味。室内陈设主要装饰往往采用相同的物件，如乐器、扇子、瓷盘、风筝、鸟笼等，进行大小疏密的排列而取得装饰效果，这是室内环境中常用的陈设手段。

12）置物。置物是指室内重点墙面根据需求精选陈设物，巧妙布局，集中表现。由于陈设物的种类繁多，材质丰富，构图多样，配合灯光的处理，可以呈现华贵、朴素、典雅、温馨的艺术效果。

13）简洁。简洁或称简练，指室内环境中没有华丽的修饰装潢和多余的附加物。以少而精的原则，把室内装饰减少到最小的程度，"少就是多、简洁就是丰富"。室内陈设艺术可以少胜多，以一当十，多做减法，删繁就简。简洁是当前室内陈设艺术设计中特别值得提倡的手法之一。

14）光雕。光雕有用光束雕塑形体之意，也可称为虚的陈设。在当今室内环境中，运用光影装点环境已屡见不鲜，但恰到好处地运用则需动一番脑筋。一般要密切结合形体和光源，有主次、强弱、聚散的合理布局及色光的巧妙运用等，才能达到理想的陈设艺术效果。

15）渐变。一切生物的诞生、生长与消亡，皆在渐变，是事物在量变上的增减，但其变化是逐步按着比例的增减而使其形象由大到小或由小到大变化；色彩由明到暗、由暗到明；线型由粗到细、由细到粗；由曲到直、由直到曲的变化；甚至由具象的形体到抽象的几何渐变等。

16）独特（特异）。独特是突破原有规律、标新立异、引人注目。在大自然中，万绿丛中一点红，夜间群星中的明月，荒漠中的绿地都是独特的表现。独特具有比较性。掺杂于规模性之中，其程度可大可小，须适度把握，这里所讲的规律性是指重复延续和渐变近似的陪衬作用。独特是从这些陪衬中产生出来的，是相互比较而存在的。在室内设计中特别推崇有突破的想象力，以创造个性的特色。

17）置景。优美独特的景致供人观看欣赏称为景观。这里是指室内空间环境中，根据室内环境陈设风格的需要，在地面或顶棚处设计制作引人入胜的陈设艺术品或悬吊饰物。景观是室内陈设中的集中点、焦点、视觉中心。它以自身的陈设魅力，给人们美妙遐想和精神满足。

18）仿生。仿生是指用人工手段，将自然界中的生灵之物进行仿造，作为装饰运用于环境设计中，或原样复制，以假乱真。设计中运用仿生的目的在于增加生活情趣，引发人们的遐想，满足回归自然的愿望，创造神奇的童话空间等。在现代设计中，越来越多的设计师利用现代材料及高科技加工技术，创造出丰富多彩、引人入胜的理想环境。

19）几何。造型艺术中最基本的元素是由三角形、圆形、方形构成的，即由几何形构成。几何形属于抽象形，在室内陈设环境设计中运用过程，形成了手法简洁、曲直交错、方圆对比、色彩明快、节奏感强的环境特色，几何抽象造型在室内环境中的表现，因其简洁明快，与快节奏的时代生活相适应，因此给人无限的遐想。几何造型艺术必将越来越受到人们的欢迎。

20）色调。色调是构成造型艺术设计的重要因素之一。各种物体因吸收和反射光量的程度不同，而呈现出复杂的色彩现象，不同波长的可见光引起人视觉上不同的色彩感觉。如红、橙、黄，只有温暖、热烈的感觉，被称为暖色系列色彩，在室内陈设艺术中，可选用各类色调构成，选用不同色相决定其色调（或称基调）。色调有许多种，一般可归纳为同一色调、同类色调、邻近色调、对比色调等。在使用时，可根据环境的不同性能灵活掌握。

21）质感。质感也称材质肌理，是指物体表面的质感纹理，所有物体都有表面，因此，所有物体表面均有材质肌理。肌理给人视觉及触觉感受：干湿、粗糙、细滑、软硬、有纹理与无纹理、有规律与无规律、有光泽和无光泽等。大自然中充满各种材质肌理，这些不同材质肌理的物质，可由建筑师或室内陈设艺术设计师选择，以适应特殊环境的特定要求，如平淡派主张不要装饰，但在作品中大量地选用材质肌理的对比变化来丰富室内空间层次，产生较高的艺术品位。

22）丰富。丰富相对于简洁而言，简洁是室内陈设艺术中，特别提倡的装饰手法。这里所指的丰富，是要在简洁过程中，要求更加丰满、多姿、精彩、有情趣的美感效果。如在室内设计同种风格的把握下多加一些点缀物，在装饰处理上有更加深入细致的描绘，就能增加环境的层次和艺术效果，会给人们留有深刻长久的回味。

（2）创新性原则：守正创新，设计凸显个性与环境的结合。

（3）时代性原则：与时俱进，积极应用新技术、新材料。

（4）生态性原则：考虑材料的环保性、节能性、可循环再生性及"以人为本"的舒适性。

（5）文化性原则：结合地域和民族文化，提炼设计元素开展软装设计。

（6）整体性原则：空间的绿化和陈设与整个空间的风格和色调相协调。

4. 室内陈设品的选择

陈设品选择与布置不仅能体现一个人的职业特征、性格爱好及修养、品位，还是人们表现自我的手段之一。例如，猎人的小屋陈设兽皮、弓箭、锦鸡标本等，显示了主人的职业以及他勇敢的性格。

（1）实用陈设。具有一定实用价值并兼有观赏性的陈设，如灯具类、家具类、织物类、器皿类。

1）灯具类。在室内陈设中起着照明的作用，从灯具的种类和型制来看，作为室内照明的灯具主要有吸顶灯、吊灯、地灯、嵌顶灯、台灯等（图2-79）。

2）家具类。家具的设计以实用、美观、安全、舒适为基本原则（图2-80）。

①家具的分类。家具按功能分类有坐卧类家具、凭倚类家具、储存类家具、装饰类家具；根据结

图2-79　灯具

构形式分类有板框架家具和框架镶板家具；根据使用材料分类有木、藤、竹家具，具有质轻、高强、淳朴自然等特点；根据不同时期分类有明清时代家具，古埃及、古希腊、古罗马家具，巴洛克时期家具，洛可可时期家具；根据在空间中的位置分类可分为周边式、岛式、单边式、走道式；根据家具布置与墙面的关系分类可分为墙面布置、临空布置；根据家具布置格局分类可分为对称式、非对称式、集中式、分散式。对称式布置，显得庄重、严肃、稳定而肃穆，适合隆重、正规的场合；非对称式布置，显得活泼、自由、流动而活跃，适合轻松、非正规的场合；集中式布置，常适用于功能比较单一、家具种类不多、房间面积较小的场合，组成单一的家具组；分散式布置，常适用于功能多样、家具品类较多、房间面积较大的场合，组成若干家具组团。

②家具作为室内陈设的作用。识别空间性质、利用及组织空间（分隔、组织、填补空间）作用（图2-80）。

图2-80　家具

③家具的选择与布置。位置合理、方便使用、节约劳动、丰富空间、改善效果、充分利用空间、重用空间、重视效益。

④家具布置的基本方法。

3）织物类。织物类目前已应用在室内环境设计的各个方面，在现代室内设计环境中，织物使用的多少已成为衡量室内环境装饰水平的重要标志之一。它包括窗帘、床罩、地毯、沙发蒙布等软性材料。作为织物类的地毯可以创造象征性的空间，在同一室内，有无地毯或地毯质地、色彩不同地面的上方空间，便从视觉上和心理上划分了空间，形成了领域感，在会客的环境区域铺上精致的手工编织地毯，除了起到划分空间的作用，同时也形成室内的重点，或成为室内重点空间。

（2）艺术陈设。艺术陈设是一门研究建筑内部和外部功能效益及艺术效果的学科。从定义上说，艺术陈设是指以装饰观赏为主的陈设。它能表达一定思维、内涵和文化素养，对塑造室内环境形象、营造室内气氛及环境的创新起积极作用，如雕塑、字画、纪念品、工艺品、植物等。

选择艺术陈设时应遵循以下原则：

1）简洁：以少胜多，好的选择能形成微妙或夸张的最佳效果。

2）创新：有突破性、有个性，通过创新反映独特的艺术效果。

3）和谐：品种、造型、规格、材质、色调的选择，使人们心理和生理上产生宁静、平和、温情等效果。

4）有序：是一切美感的根本，是反复、韵律、渐次、和谐的基础，也是比例、平衡、均衡、对比、对称的根源，组织有规律的空间形态产生井然有序的美感。

5）呼应：属于均衡的形式美，响应包括相应对称和相对对称。

6）层次：要追求空间的层次感，如色彩从冷到暖，明度从暗到亮，造型从小到大、从方到圆、从高到低、从粗到细，质地从单一到多样、从虚到实等都可以形成富有层次的变化。

7）质感：肌理让人们感觉到干湿、软硬、粗细、有纹与无纹、有规律与无规律、有光与无光，通过陈设的选择来适应建筑装饰环境的特定要求，提高整体效果。

5.陈设品方案设计

（1）根据设计主题或风格进行陈设品设计，要求是原创设计，可以是家具设计，也可以是装饰品设计。

（2）要求：

1）必须是原创设计。

2）需有主题。

3）功能合理。

4）造型美观。

5）上交设计源文件和效果图文件。

（3）制作 PPT 进行方案陈述。

（4）请根据本任务的学习内容，按照设计流程，使用书末所附活页开展以上练习。

任务 2-11 舒适系统方案设计

1. 家居舒适系统

按照国际科学健康住宅标准，舒适系统家居包含八大系统，分别是家用中央空调系统、中央供暖系统、中央新风系统、中央除尘系统、中央水处理系统、中央热水系统、太阳能、智能家居系统。

以下主要学习家用中央空调系统、中央热水系统和智能家居系统。

（1）家用中央空调系统。

1）家用中央空调是商用空调的一个重要组成部分。家用中央空调将全部居室空间的空气调节和生活品质改善作为整体来实现，克服了分体式壁挂和柜式空调对分割室内空间的局部处理和不均匀的空气气流等不足之处。

2）家用中央空调是由一台主机通过风道送风或冷热水源带动多个末端的方式来控制不同的房间以达到室内空气调节的目的。它采用风管送风方式，用一台主机即可控制多个不同房间，有效改善室内空气品质，预防空调病的发生。室内机可选择卧式暗装、明装吸顶、天花式、壁挂式等。各种风机盘管可独立控制。在进行本项目设计时，要对家用中央空调系统进行提前规划布局。

（2）中央热水系统。中央热水系统的概念简单而言就是一台热水器随时随意提供热水。它是指热水集中产生，大容量的热水可以同时、多点供给家庭生活使用，特别适用于有两个或多个卫生间的大房型、复式房屋或公寓、别墅等。要提供 24 小时充足的恒温热水，占市场主导地位的快速热水器是无法做到的。中央热水系统实际上是一个小型的独立供热热水系统，可以保证一台热水器同时满足多点、同时、大量用水的需要（图 2-81）。

中央热水系统有三个特点：

1）实现即时热水供应，使用极为方便；

2）实现多头同时供水，超大流量；

3）具备恒温持久等特点。

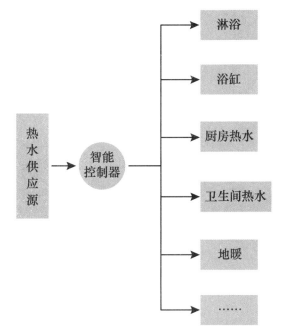

图 2-81 中央热水系统示意图

（3）智能家居系统。智能家居系统是利用先进的计算机技术、网络通信技术、智能云端控制、综合布线技术、医疗电子技术，依照人体工程学原理，融合个性需求，将与家居生活有关的各个子系统，如安防、灯光控制、窗帘控制、煤气阀控制、信息家电、场景联动、地板采暖、健康保健、卫生防疫、安防保安等，有机结合在一起，通过网络化综合智能控制和管理，实现以人为本的全新家居生活体验。

1）智能家居系统。智能家居最终目的是让家庭更舒适、更方便、更安全、更环保。随着人类消费需求和住宅智能化的不断发展，今天的智能家居系统将拥有更加丰富的内容，系统配置也越来越复杂。智能家居系统包括网络接入系统、防盗报警系统、消防报警系统、电视对讲门禁区系统、煤气泄漏探测系统、远程抄表（水表、电表、煤气表）系统、紧急求助系统、远程医疗诊断及护理系统、室内电器自动控制管理及开发系统、集中供冷热系统、网上购物系统、语音与传真（电子邮件）服务系统、网上教育系统、股票操作系统、视频点播系统、付费电视系统、有线电视系统等（图 2-82）。

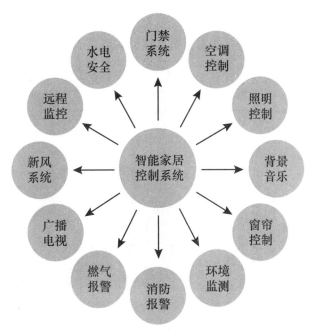

图 2-82 智能家居系统示意图

2）智能家居系统设计原则。智能家居又称智能住宅。通俗来说，它是融合了自动化控制系统、计算机网络系统和网络通信技术于一体的网络化、智能化的家居控制系统。衡量一个住宅小区智能化系统的成功与否，并非仅仅取决于智能化系统的多少、系统的先进性或集成度，还取决于系统的设计和配置是否经济合理，系统能否成功运行，系统的使用、管理和维护是否方便，系统或产品的技术是否成熟适用，换句话说，就是如何以最少的投入、最简便的实现途径来换取最大的功效，实现便捷、高质量的生活。

为了实现上述目标，智能家居系统设计时要遵循以下原则：

①实用性、便利性。智能家居最基本的目标是为人们提供一个舒适、安全、方便和高效的生活环境。对智能家居产品来说，最重要的是以实用为核心，摒弃那些华而不实、只能充作摆设的功能，产品以实用性、易用性和人性化为主。

②可靠性。整个建筑的各个智能化子系统应能 24 小时运转，系统的安全性、可靠性和容错能力必须予以高度重视。对各个子系统，在电源、系统备份等方面采取相应的容错措施，保证系统正常安全使用、质量和性能良好，具备应付各种复杂环境变化的能力。

③标准性。智能家居系统方案的设计应依照国家和地区的有关标准进行，确保系统的扩充性和扩展性。

④方便性。布线安装是否简单直接关系到成本、可扩展性、可维护性的问题，一定要选择布线简单的系统，施工时可与小区宽带一起布线，简单、容易；设备方面容易学习掌握，操作和维护简便。

⑤数据安全性。在智能家居的逐步扩展中，会有越来越多的设备连入系统，不可避免地会产生更多的运行数据，如空调的温度和时钟数据、室内窗户的开关状态数据、煤气电表数据等。这些数据与个人家庭的隐私形成前所未有的关联程度，如果导致数据保护不慎，不但会导致个人习惯等极其隐私的数据泄露，而且关系家庭安全的数据如窗户状态等数据泄露会直接危害家庭安全。同时，智能家居系统并不是孤立于世界的，还要对进入系统的数据进行审查，防止恶意破坏家庭系统，甚至破坏联网的家电和设备。在当今大数据时代，一定要保护家庭大数据的安全性。

本项目可以考虑采用家用中央空调系统和中央热水系统，智能家居系统采用了网络接入系统、防盗报警系统、消防报警系统和电视对讲门禁区系统，这些系统的应用大大方便了业主的家居生活，为业主带来更多的舒适生活体验（图2-83）。

图 2-83　智能家居系统设计案例

2. 实战练习

请根据本任务的学习内容，按照设计流程，使用书末所附活页开展实战练习。

任务 2-12　项目展示

项目展示主要是对项目提案的展示，项目提案包括封面、目录、团队介绍、方案设计说明、户型动线说明、空间改造或布局讲解、空间效果图设计陈述、业主需求满足等。在本任务中主要通过 PPT 对这些内容进行编排，最终向业主进行展示与陈述，使设计师的设计方案得到认可并最终实施。在 PPT 版面编排与设计中，贯穿了构成设计知识。注意版面编排同样需要工匠精神，每一处细节都要精益求精，才能完美地呈现你的设计作品。

1. 版面设计的构成要素

版面设计的构成要素主要有图形、文字、色彩、空白与边框，它们在版面设计中承担各自的角色，各施所长、互相呼应，形成版面展示的视觉整体。

（1）图形。图形是展示版面中重要的视觉语言。在绝大多数版面设计中，图形占有重要的地位。图形能够给人直观的形象。居住空间设计作品的图形主要指效果图、平面图、立面图和各种设计分析图样。

对于版面展示作品，受众总是先被图形吸引，接着看标题，然后看其他文字。因此，图形具有三种功能：第一，吸引受众注意、展示版面的吸引功能；第二，将展示内容传达给受众的传达功能；第三，把受众的视线引至文字的诱导功能。

为了充分发挥图形在展板中的功能，设计时要注意：以富有创意的、具有视觉冲击力的画面充分地展示主题；图形既要生动又要简洁，做到阅读最省力；格调高尚，能给人以美的感受；情理交融，既能以理服人，又能以情感人，有助于受众对信息注目、理解、记忆，进而产生强烈的认同（图 2-84）。

图 2-84　图形要素

（2）字体。各类文字都是用不同的线构成的符号，但由于形成的文化背景和历史过程不同，它们又各有自身独特的形态。概括起来，字形可以分为两大类：一类是字形大体相似于外而蕴藏深意在内，每个字都是有独立含义的方块字（以汉字为代表）；另一类是由字母组成，字母只承担注音的任务，而本身一般没有含义，必须串联成字，如长短各异的拉丁文字。这两类字各有特色，都是版面设计中常用的。

汉字在发展过程中产生了许多书体，主要有篆书、隶书、草书、楷书等，并由于汉字书写工具（纸、笔、墨）的特殊性而形成了一门独立的艺术——书法。其后，由于印刷工艺的出现，又形成了宋体、黑体、仿宋体、单线体等印刷字体。在版面设计中，又以各种书体和印刷字体为基础，形成了各种美术字体。这些风格多样的字体，为版面设计提供了条件，一方面供设计师根据需要选择使用，另一方面供设计师以此为基础创造新的字体字形。在版面设计中，文字占有重要的地位（图2-85）。

图2-85　字体要素

（3）色彩。在实际生活中，人们时时处处都与色彩发生联系。生活用具和其他消费品都有各自的色彩。在商场里色彩的魅力不断地影响消费者，色彩的刺激是消费者产生购买动机的重要因素。在展板中，色彩引人注意的作用也是很显著的，尤其是户外展板，因为受周围环境的影响，分散注意力的因素很多，所以色彩鲜明的展板能够排除这些分散注意力的因素，引起受众对展板的注意（图2-86）。

图2-86　色彩要素

一般来说，版面设计色彩由三个部分组成：图形、底色和标题。色彩基调的选择主要在于图形和底色，特别是图形，往往处于画面的中心。因此，对图形色调的选定要特别精心。底色起衬托作用，而标题可以支配整个版面的气氛。在展板色彩的配置中，还必须符合有关用色的规定与惯例，如安全色、国家或宗教的禁忌色，灵活运用色彩学和色彩心理学的知识。

（4）空白与边框。

1）空白。在一般情况下，人们只对展板上的图形和文字感兴趣，至于空白则很少有人去注意。但实际上，正因为有了空白才使图形和文字显得突出。中国画有"计白当黑"的说法，空白的运用能使画面有实有虚、主次分明。在版面中留出适当的空白，能起到强调及引起注意的作用，尤其是一些高级商品的展板常常出现大量留白的画面。由此可见，空白对版面设计有重要的作用，它是表现版面格调的有效方法，同时，它在视觉上也具有非常强烈的集中效果（图2-87）。

2）边框。边框对一幅展板作品所起到的作用是非常大的，它可使展板作品达到完整和统一的效果。众多的展板作品放置在一起时，边框还起到分界线的作用。尤其是在报纸、杂志中刊登展板，边框就显得特别重要。

边框的作用主要有：明确区分本展板与其他展板；迅速捕捉受众的视线；控制受众的视线，不让它移往其他展板；系列展板使用统一的边框，可以加强展板版面的系列感；配合其他要素增加视觉传达效果。

图2-87　留白

边框的形式有上下边框和四周环行边框，仅有一条竖边框或一条横边框也是常用的形式。可以用各种不同的粗、细实线，还可以用枯笔干擦得来的效果或用反复复印的效果做边框。独特的边框是增强展板作品魅力的一种手段（图2-88）。

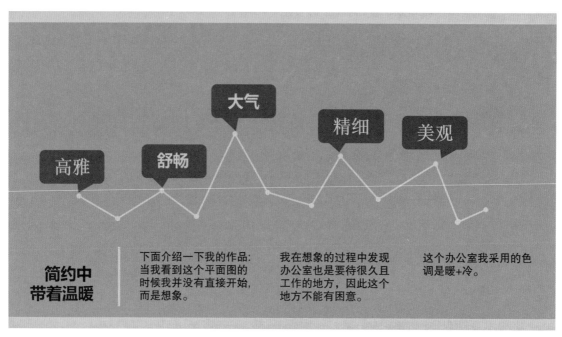

图 2-88　边框

2. 实战练习

请根据本任务的学习内容，按照设计流程，使用书末所附活页开展实战练习。

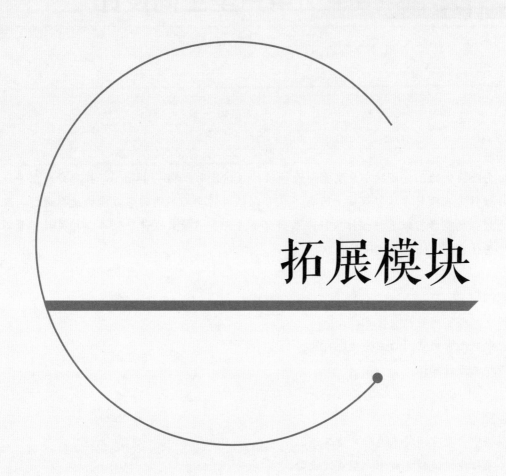

拓展模块

项目 **3**
中户型空间设计

◎ **项目说明**

通过由企业提供的已完成的中户型空间设计项目（建筑面积 90~144 m²），按照分解任务流程开展设计，项目操作可在项目 1 学习基础上进行，也可以根据同学们不同的学习能力选择进行，理解能力和技法能力较强的同学可以直接操作项目，本项目重点考查"软装设计"任务，相关教学资源可登录智慧职教"居住空间设计"在线课程获取。

◎ **知识目标**

1. 了解中户型空间的户型特点。

2. 掌握中户型常用空间的主要功能。

3. 掌握软装设计知识。

◎ **技能目标**

1. 能根据中户型空间特点进行户型改造。

2. 能按项目设计流程完成中户型空间设计。

3. 能进行空间动线分析。

4. 能根据业主要求完成软装设计。

5. 能正确使用常用装饰材料。

6. 能向业主展示、陈述空间设计作品。

◎ **素质目标**

1. 感受项目现场，执行任务，培养劳动精神。

2. 通过动线分析树立以人为本的设计意识。

3. 能根据业主要求提炼设计元素，准确应用设计风格。

相关项目资源请扫二维码，登录
"居住空间设计"在线课程获取

项目 4
大户型空间设计

◎ **项目说明**

通过由企业提供的已完成的大户型空间设计项目（建筑面积大于 $144\,m^2$），按照分解任务流程开展设计，项目操作可在项目 2 学习基础上进行，也可以根据同学们不同的学习能力选择进行，理解能力和技法能力较强的同学可以直接操作项目，本项目重点考查"舒适系统方案设计"任务，相关教学资源可登录智慧职教"居住空间设计"在线课程获取。

◎ **知识目标**

1.了解大户型空间的户型特点。

2.掌握大户型常用空间的主要功能。

3.掌握智能家居设计相关知识。

◎ **技能目标**

1.能根据大户型空间特点进行户型改造。

2.能按项目设计流程完成大户型空间设计。

3.能进行空间动线分析。

4.能根据业主要求完成智能家居设计。

5.能正确使用常用装饰材料。

6.能向业主展示、陈述空间设计作品。

◎ **素质目标**

1.感受项目现场，执行任务，培养劳动精神。

2.通过动线分析树立以人为本的设计意识。

3.能根据业主要求提炼设计元素，准确应用设计风格。

相关项目资源请扫二维码，登录"居住空间设计"在线课程获取

《居住空间设计》
任务工单

设计任务派工单（任务 1-1）

任务内容	绘制设计流程思维导图	任务要求	使用思维导图软件绘制你所理解的设计流程，并作简要说明
派工部门（教师）填写		设计师（学生）填写	
派工日期		接单日期	
计划完成时间		确认完成时间	
派工部门		接单部门（班级）	
派工部门（教师）签字		设计师（学生）签字	

任务执行记录：

1. 派工部门需设计部完成工作时，需要开出派工单，由派工部门主管签字后生效。
2. 任务派工单发出后，如设计师不能在规定时间完成的，需向派工部门（教师）说明原因

任务内容	绘制设计流程思维导图
班级	姓名
任务要求	1. 使用思维导图软件绘制你所理解的设计流程，并作简要说明。 2. 此附页手绘设计流程思维导图草图

设计任务评价（任务1-1）

评价任务	绘制设计流程思维导图		
班级		姓名	
任务要求	使用思维导图软件绘制你所理解的设计流程，并作简要说明		
评分项目	自评（20%）	互评（20%）	教师评（60%）
设计技能描述完整性			
工作流程逻辑性			
完成时间			
综合分			

设计任务反思（任务1-1）

任务内容	绘制设计流程思维导图		
班级		姓名	
任务要求	使用思维导图软件绘制你所理解的设计流程，并作简要说明		
反思项目	现有问题	整改措施	
设计技能描述完整性			
工作流程逻辑性			
完成时间			

设计任务派工单（任务1-2）

任务内容	模拟楼盘现场邀约业主业务洽谈	任务要求	绘制你理解的业务洽谈流程思维导图
派工部门（教师）填写		设计师（学生）填写	
派工日期		接单日期	
计划完成时间		确认完成时间	
派工部门		接单部门（班级）	
派工部门（教师）签字		设计师（学生）签字	

任务执行记录：

1. 派工部门需设计部完成工作时，需要开出派工单，由派工部门主管签字后生效。

2. 任务派工单发出后，如设计师不能在规定时间完成的，需向派工部门（教师）说明原因

设计任务执行记录（任务 1-2）

任务内容	模拟楼盘现场邀约业主业务洽谈	
班级		姓名
任务要求	绘制你理解的业务洽谈流程思维导图	

设计任务评价（任务1-2）

评价任务	模拟楼盘现场邀约业主业务洽谈		
班级		姓名	
任务要求	绘制你理解的业务洽谈流程思维导图		
评分项目	自评（20%）	互评（20%）	教师评（60%）
洽谈流程描述完整性			
洽谈细节体现			
个人形象			
综合分			

设计任务反思（任务 1-2）

任务内容	模拟楼盘现场邀约业主业务洽谈		
班级		姓名	
任务要求	绘制你理解的业务洽谈流程思维导图		
反思项目	现有问题	整改措施	
洽谈流程描述完整性			
洽谈细节体现			
个人形象			

设计任务派工单（任务 1-3）

任务内容	提炼绘制中式设计元素	任务要求	根据本任务所学将这个户型设计的中式设计元素通过手绘的方式画出来（至少画出两个元素）
派工部门（教师）填写		设计师（学生）填写	
派工日期		接单日期	
计划完成时间		确认完成时间	
派工部门		接单部门（班级）	
派工部门（教师）签字		设计师（学生）签字	

任务执行记录：

1. 派工部门需设计部完成工作时，需要开出派工单，由派工部门主管签字后生效。
2. 任务派工单发出后，如设计师不能在规定时间完成的，需向派工部门（教师）说明原因

任务内容	提炼绘制中式设计元素		
班级		姓名	
任务要求	根据今天所学将这个户型设计的中式设计元素通过手绘的方式画出来（至少画出两个元素）		

任务内容	提炼绘制中式设计元素		
班级		姓名	
任务要求	根据今天所学将这个户型设计的中式设计元素通过手绘的方式画出来（至少画出两个元素）		

设计任务评价（任务1-3）

评价任务	提炼绘制中式设计元素		
班级		姓名	
任务要求	根据本任务所学将这个户型设计的中式元素通过手绘的方式画出来（至少画出两个元素）		
评分项目	自评（20%）	互评（20%）	教师评（60%）
中式元素描述准确性			
中式元素数量			
中式元素表现			
综合分			

设计任务反思（任务1-3）

任务内容	提炼绘制中式设计元素		
班级		姓名	
任务要求	根据本任务所学将这个户型设计的中式元素通过手绘的方式画出来（至少画出两个元素）		
反思项目	现有问题	整改措施	
中式元素描述准确性			
中式元素数量			
中式元素表现			

设计任务派工单（任务 1-4）

任务内容	提炼绘制欧式设计元素	任务要求	根据本任务所学将这个户型的欧式设计元素通过手绘的方式画出来（至少画出两个元素）
派工部门（教师）填写		设计师（学生）填写	
派工日期		接单日期	
计划完成时间		确认完成时间	
派工部门		接单部门（班级）	
派工部门（教师）签字		设计师（学生）签字	

任务执行记录：

1. 派工部门需设计部完成工作时，需要开出派工单，由派工部门主管签字后生效。
2. 任务派工单发出后，如设计师不能在规定时间完成的，需向派工部门（教师）说明原因

任务内容	提炼绘制欧式设计元素		
班级		姓名	
任务要求	根据本任务所学将这个户型的欧式设计元素通过手绘的方式画出来（至少画出两个元素）		

设计任务执行记录（任务1-4）

任务内容	提炼绘制欧式设计元素		
班级		姓名	
任务要求	根据本任务所学将这个户型的欧式设计元素通过手绘的方式画出来（至少画出两个元素）		

设计任务评价（任务1-4）

评价任务	提炼绘制欧式设计元素		
班级		姓名	
任务要求	根据本任务所学将这个户型的欧式设计元素通过手绘的方式画出来（至少画两个元素）		
评分项目	自评（20%）	互评（20%）	教师评（60%）
欧式元素描述准确性			
欧式元素数量			
欧式元素表现			
综合分			

设计任务反思（任务 1-4）

任务内容	提炼绘制欧式设计元素		
班级		姓名	
任务要求	根据本任务所学将这个户型的欧式设计元素通过手绘的方式画出来（至少画两个元素）		
反思项目	现有问题	整改措施	
欧式元素描述准确性			
欧式元素数量			
欧式元素表现			

设计任务派工单（任务 1-5）

任务内容	现场量房	任务要求	现场量房并绘制原始户型图
派工部门（教师）填写		设计师（学生）填写	
派工日期		接单日期	
计划完成时间		确认完成时间	
派工部门		接单部门（班级）	
派工部门（教师）签字		设计师（学生）签字	

任务执行记录：

1. 派工部门需设计部完成工作时，需要开出派工单，由派工部门主管签字后生效。
2. 任务派工单发出后，如设计师不能在规定时间完成的，需向派工部门（教师）说明原因

设计任务执行记录（任务 1-5）

任务内容	现场量房		
班级		姓名	
任务要求	现场量房并绘制原始户型图		

设计任务评价（任务1-5）

评价任务	现场量房		
班级		姓名	
任务要求	现场量房并绘制原始户型图		
评分项目	自评（20%）	互评（20%）	教师评（60%）
完整性			
规范性			
比例			
综合分			

设计任务反思（任务1-5）

任务内容	现场量房		
班级		姓名	
任务要求	现场量房并绘制原始户型图		
反思项目	现有问题	整改措施	
完整性			
规范性			
比例			

設計任務派工单（任务 1-6）

任务内容	厨房人体工学分析与应用	任务要求	1. 任选一个厨房空间进行作业空间设计（须有具体尺寸）。 2. 充分考虑各种人体尺寸，遵循以人为中心的设计原则进行厨房作业空间设计。 3. 使用 Photoshop、CAD 等软件绘制平面图和立面图，结合人体尺寸数据标注各功能区域尺寸，并标明工作流程及进行作业空间人机分析，分析点不少于 3 个
派工部门（教师）填写		设计师（学生）填写	
派工日期		接单日期	
计划完成时间		确认完成时间	
派工部门		接单部门（班级）	
派工部门（教师）签字		设计师（学生）签字	

任务执行记录：

1. 派工部门需设计部完成工作时，需要开出派工单，由派工部门主管签字后生效。
2. 任务派工单发出后，如设计师不能在规定时间完成的，需向派工部门（教师）说明原因

任务内容	厨房人体工学分析与应用	
班级		姓名
任务要求	1. 任选一个厨房空间进行作业空间设计（须有具体尺寸）。 2. 充分考虑各种人体尺寸，遵循以人为中心的设计原则进行厨房作业空间设计。 3. 使用 Photoshop、CAD 等软件绘制平面图和立面图，结合人体尺寸数据标注各功能区域尺寸，并标明工作流程及进行作业空间人机分析，分析点不少于 3 个	

设计任务评价（任务 1-6）

评价任务	厨房人体工学分析与应用		
班级		姓名	
任务要求	1. 任选一个厨房空间进行作业空间设计（须有具体尺寸）。 2. 充分考虑各种人体尺寸，遵循以人为中心的设计原则进行厨房作业空间设计。 3. 使用 Photoshop、CAD 等软件绘制平面图和立面图，结合人体尺寸数据标注各功能区域尺寸，并标明工作流程及进行作业空间人机分析，分析点不少于 3 个		
评分项目	自评（20%）	互评（20%）	教师评（60%）
人体工学分析 合理性			
图纸规范性			
图纸完整性			
综合分			

设计任务反思（任务1-6）

任务内容	厨房人体工学分析与应用	
班级		姓名
任务要求	1. 任选一个厨房空间进行作业空间设计（须有具体尺寸）。 2. 充分考虑各种人体尺寸，遵循以人为中心的设计原则进行厨房作业空间设计。 3. 使用 Photoshop、CAD 等软件绘制平面图和立面图，结合人体尺寸数据标注各功能区域尺寸，并标明工作流程及进行作业空间人机分析，分析点不少于3个	
反思项目	现有问题	整改措施
人体工学分析合理性		
图纸规范性		
图纸完整性		

设计任务派工单（任务1-7）

任务内容	全屋定制设计体验	任务要求	1. 任选居住空间的一个房间进行全屋定制设计。 2. 充分考虑空间的功能，使全屋定制满足空间使用功能。 3. 使用酷家乐等设计平台进行设计，并作简要说明
派工部门（教师）填写		设计师（学生）填写	
派工日期		接单日期	
计划完成时间		确认完成时间	
派工部门		接单部门（班级）	
派工部门（教师）签字		设计师（学生）签字	

任务执行记录：

1. 派工部门需设计部完成工作时，需要开出派工单，由派工部门主管签字后生效。
2. 任务派工单发出后，如设计师不能在规定时间完成的，需向派工部门（教师）说明原因

设计任务执行记录（任务1-7）

任务内容	全屋定制设计体验		
班级		姓名	
任务要求	1. 任选居住空间的一个房间进行全屋定制设计。 2. 充分考虑空间的功能，使全屋定制满足空间使用功能。 3. 使用酷家乐等设计平台进行设计，并作简要说明		

设计任务评价（任务1-7）

评价任务	全屋定制设计体验		
班级		姓名	
任务要求	1. 任选居住空间的一个房间进行全屋定制设计。 2. 充分考虑空间的功能，使全屋定制满足空间使用功能。 3. 使用酷家乐等设计平台进行设计，并作简要说明		
评分项目	自评（20%）	互评（20%）	教师评（60%）
全屋定制设计 合理性			
全屋定制设计 美观性			
综合分			

设计任务反思（任务 1-7）

任务内容	全屋定制设计体验	
班级		姓名
任务要求	1. 任选居住空间的一个房间进行全屋定制设计。 2. 充分考虑空间的功能，使全屋定制满足空间使用功能。 3. 使用酷家乐等设计平台进行设计，并作简要说明	
反思项目	现有问题	整改措施
全屋定制设计 合理性		
全屋定制设计 美观性		

设计任务派工单（任务 2-1）

任务内容	原始户型分析	任务要求	分析本项目户型优缺点
派工部门（教师）填写		设计师（学生）填写	
派工日期		接单日期	
计划完成时间		确认完成时间	
派工部门		接单部门（班级）	
派工部门（教师）签字		设计师（学生）签字	

任务执行记录：

1. 派工部门需设计部完成工作时，需要开出派工单，由派工部门主管签字后生效。
2. 任务派工单发出后，如设计师不能在规定时间完成的，需向派工部门（教师）说明原因

设计任务执行记录（任务 2-1）

任务内容	原始户型分析		
班级		姓名	
任务要求	分析本项目户型优缺点		

设计任务评价（任务 2-1）

评价任务	原始户型分析		
班级		姓名	
任务要求	分析本项目户型优缺点		
评分项目	自评（20%）	互评（20%）	教师评（60%）
优点分析合理性			
缺点分析合理性			
综合分			

设计任务反思（任务 2-1）

任务内容	原始户型分析		
班级		姓名	
任务要求	分析本项目户型优缺点		
反思项目	现有问题	整改措施	
优点分析合理性			
缺点分析合理性			

任务内容	小户型空间改造	任务要求	通过 CAD 表达小户型空间设计项目的空间改造想法，打印出来粘贴在附页空白处，并制作 PPT 进行改造方案陈述
派工部门（教师）填写		设计师（学生）填写	
派工日期		接单日期	
计划完成时间		确认完成时间	
派工部门		接单部门（班级）	
派工部门（教师）签字		设计师（学生）签字	

任务执行记录：

1. 派工部门需设计部完成工作时，需要开出派工单，由派工部门主管签字后生效。
2. 任务派工单发出后，如设计师不能在规定时间完成的，需向派工部门（教师）说明原因

任务内容	小户型空间改造		
班级		姓名	
任务要求	通过 CAD 表达小户型空间设计项目的空间改造的想法，打印出来粘贴在附页空白处，并制作 PPT 进行改造方案陈述		

小户型空间改造

评价任务	小户型空间改造		
班级		姓名	
任务要求	通过 CAD 表达小户型空间设计项目的空间改造的想法，打印出来粘贴在附页空白处，并制作 PPT 进行改造方案陈述		
评分项目	自评（20%）	互评（20%）	教师评（60%）
空间改造合理性			
空间改造创新性			
图纸规范性			
改造方案陈述			
综合分			

设计任务反思（任务 2-2）

任务内容	小户型空间改造	
班级		姓名
任务要求	通过 CAD 表达小户型空间设计项目的空间改造的想法，打印出来粘贴在附页空白处，并制作 PPT 进行改造方案陈述	
反思项目	现有问题	整改措施
空间改造合理性		
空间改造创新性		
图纸规范性		

140

任务内容	小户型空间设计平面方案设计和动线分析	任务要求	通过 CAD 和 Photoshop 进行小户型空间设计平面方案设计和动线分析，并制作 PPT 进行方案陈述
派工部门（教师）填写		设计师（学生）填写	
派工日期		接单日期	
计划完成时间		确认完成时间	
派工部门		接单部门（班级）	
派工部门（教师）签字		设计师（学生）签字	

任务执行记录：

1. 派工部门需设计部完成工作时，需要开出派工单，由派工部门主管签字后生效。

2. 任务派工单发出后，如设计师不能在规定时间完成的，需向派工部门（教师）说明原因

任务内容	小户型空间设计平面方案设计和动线分析		
班级		姓名	
任务要求	通过 CAD 和 Photoshop 进行小户型空间设计平面方案设计和动线分析，并制作 PPT 进行方案陈述		

设计任务评价（任务 2-3）

评价任务	小户型空间设计平面方案设计和动线分析		
班级		姓名	
任务要求	通过 CAD 和 Photoshop 进行小户型空间设计平面方案设计和动线分析，并制作 PPT 进行方案陈述		
评分项目	自评（20%）	互评（20%）	教师评（60%）
平面方案合理性			
动线分析合理性			
图纸规范性			
综合分			

设计任务反思（任务 2-3）

任务内容	小户型空间设计平面方案设计和动线分析	
班级		姓名
任务要求	通过 CAD 和 Photoshop 进行小户型空间设计平面方案设计和动线分析，并制作 PPT 进行方案陈述	
反思项目	现有问题	整改措施
平面方案合理性		
动线分析合理性		
图纸规范性		

任务内容	小户型空间设计 材料方案确定	任务要求	根据之前的设计方案进行材料方案确定，并制作 PPT 进行方案陈述
派工部门（教师）填写		设计师（学生）填写	
派工日期		接单日期	
计划完成时间		确认完成时间	
派工部门		接单部门（班级）	
派工部门（教师）签字		设计师（学生）签字	

任务执行记录：

1. 派工部门需设计部完成工作时，需要开出派工单，由派工部门主管签字后生效。
2. 任务派工单发出后，如设计师不能在规定时间完成的，需向派工部门（教师）说明原因

任务内容	小户型空间设计材料方案确定	
班级		姓名
任务要求	根据之前的设计方案进行材料方案确定，并制作 PPT 进行方案陈述	

设计任务评价（任务2-4）

评价任务	小户型空间设计材料方案确定		
班级		姓名	
任务要求	根据之前的设计方案进行材料方案确定，并制作PPT进行方案陈述		
评分项目	自评（20%）	互评（20%）	教师评（60%）
材料方案合理性			
材料方案美观性			
材料方案经济性			
综合分			

设计任务反思（任务 2-4）

任务内容	小户型空间设计材料方案确定	
班级		姓名
任务要求	根据之前的设计方案进行材料方案确定，并制作 PPT 进行方案陈述	
反思项目	现有问题	整改措施
材料方案合理性		
材料方案美观性		
材料方案经济性		

任务内容	小户型空间立面设计	任务要求	1. 针对室内某一立面进行界面设计（如电视背景墙设计）。 2. 充分考虑立面尺寸。 3. 兼顾立面的使用功能和装饰功能。 4. 充分考虑色彩与质感要素。 5. 注意风格、功能的一致性。 6. 注意材质、色彩、灯光、结构、形态等的综合手法应用。 7. 上交草图（草图至少三个方案）、立面图CAD（注明主要适用材质及工艺、构造）、效果图及所有源文件。 8. 制作PPT进行方案陈述
派工部门（教师）填写		设计师（学生）填写	
派工日期		接单日期	
计划完成时间		确认完成时间	
派工部门		接单部门（班级）	
派工部门（教师）签字		设计师（学生）签字	

任务执行记录：

1. 派工部门需设计部完成工作时，需要开出派工单，由派工部门主管签字后生效。
2. 任务派工单发出后，如设计师不能在规定时间完成的，需向派工部门（教师）说明原因

任务内容	小户型空间立面设计		
班级		姓名	
任务要求	1. 针对室内某一立面进行界面设计（如电视背景墙设计）。 2. 充分考虑立面尺寸。 3. 兼顾立面的使用功能和装饰功能。 4. 充分考虑色彩与质感要素。 5. 注意风格、功能的一致性。 6. 注意材质、色彩、灯光、结构、形态等的综合手法应用。 7. 上交草图（草图至少三个方案）、立面图 CAD（注明主要适用材质及工艺、构造）、效果图及所有源文件。 8. 制作 PPT 进行方案陈述		

设计任务评价（任务2-5）

评价任务	小户型空间立面设计		
班级		姓名	
任务要求	1. 针对室内某一立面进行界面设计（如电视背景墙设计）。 2. 充分考虑立面尺寸。 3. 兼顾立面的使用功能和装饰功能。 4. 充分考虑色彩与质感要素。 5. 注意风格、功能的一致性。 6. 注意材质、色彩、灯光、结构、形态等的综合手法应用。 7. 上交草图（草图至少三个方案）、立面图CAD（注明主要适用材质及工艺、构造）、效果图及所有源文件。 8. 制作PPT进行方案陈述		
评分项目	自评（20%）	互评（20%）	教师评（60%）
立面方案合理性			
立面方案美观性			
图纸规范性			
综合分			

设计任务反思（任务 2-5）

任务内容	小户型空间立面设计	
班级		姓名
任务要求	1. 针对室内某一立面进行界面设计（如电视背景墙设计）。 2. 充分考虑立面尺寸。 3. 兼顾立面的使用功能和装饰功能。 4. 充分考虑色彩与质感要素。 5. 注意风格、功能的一致性。 6. 注意材质、色彩、灯光、结构、形态等的综合手法应用。 7. 上交草图（草图至少三个方案）、立面图 CAD（注明主要适用材质及工艺、构造）、效果图及所有源文件。 8. 制作 PPT 进行方案陈述	
反思项目	现有问题	整改措施
立面方案合理性		
立面方案美观性		
图纸规范性		

设计任务派工单（任务 2-6、任务 2-7）

任务内容	小户型空间设计 效果图制作	任务要求	使用 3ds Max 或其他软件制作小户型空间设计效果图，并制作 PPT 进行方案陈述（包括照明设计方案）
派工部门（教师）填写		设计师（学生）填写	
派工日期		接单日期	
计划完成时间		确认完成时间	
派工部门		接单部门（班级）	
派工部门（教师）签字		设计师（学生）签字	

任务执行记录：

1. 派工部门需设计部完成工作时，需要开出派工单，由派工部门主管签字后生效。
2. 任务派工单发出后，如设计师不能在规定时间完成的，需向派工部门（教师）说明原因

设计任务执行记录（任务 2-6、任务 2-7）

任务内容	小户型空间设计效果图制作		
班级		姓名	
任务要求	使用 3ds Max 或其他软件制作小户型空间设计效果图，并制作 PPT 进行方案陈述（包括照明设计方案）		
效果图电子 文件路径			

设计任务评价（任务 2-6、任务 2-7）

评价任务	小户型空间设计效果图制作		
班级		姓名	
任务要求	使用 3ds Max 或其他软件制作小户型空间设计效果图，并制作 PPT 进行方案陈述（包括照明设计方案）		
评分项目	自评（20%）	互评（20%）	教师评（60%）
效果图合理性			
效果图美观性			
照明设计			
方案陈述效果			
综合分			

设计任务反思（任务 2-6、任务 2-7）

任务内容	小户型空间设计效果图制作		
班级		姓名	
任务要求	使用 3ds Max 或其他软件制作小户型空间设计效果图，并制作 PPT 进行方案陈述（包括照明设计方案）		
反思项目	现有问题	整改措施	
效果图合理性			
效果图美观性			
照明设计			
方案陈述效果			

设计任务派工单（任务 2-8）

任务内容	小户型空间设计 全景效果制作	任务要求	使用酷家乐等云设计平台制作小户型 空间设计全景效果
派工部门（教师）填写		设计师（学生）填写	
派工日期		接单日期	
计划完成时间		确认完成时间	
派工部门		接单部门（班级）	
派工部门（教师）签字		设计师（学生）签字	

任务执行记录：

1. 派工部门需设计部完成工作时，需要开出派工单，由派工部门主管签字后生效。
2. 任务派工单发出后，如设计师不能在规定时间完成的，需向派工部门（教师）说明原因

设计任务执行记录（任务 2-8）

任务内容	小户型空间设计全景效果制作		
班级		姓名	
任务要求	使用酷家乐等云设计平台制作小户型空间设计全景效果		
全景效果 二维码链接			

设计任务评价（任务 2-8）

评价任务	小户型空间设计全景效果制作		
班级		姓名	
任务要求	使用酷家乐等云设计平台制作小户型空间设计全景效果		
评分项目	自评（20%）	互评（20%）	教师评（60%）
全景效果完整性			
全景效果美观性			
综合分			

設計任務反思（任務 2-8）

任務內容	小戶型空間設計全景效果製作		
班級		姓名	
任務要求	使用酷家樂等雲設計平台製作小戶型空間設計全景效果		
反思項目	現有問題	整改措施	
全景效果完整性			
全景效果美觀性			

设计任务派工单（任务 2-9）

任务内容	小户型空间设计 施工图输出	任务要求	使用 CAD 或云设计平台绘制施工图 并输出图像或 PDF 文件
派工部门（教师）填写		设计师（学生）填写	
派工日期		接单日期	
计划完成时间		确认完成时间	
派工部门		接单部门（班级）	
派工部门（教师）签字		设计师（学生）签字	

任务执行记录：

1. 派工部门需设计部完成工作时，需要开出派工单，由派工部门主管签字后生效。
2. 任务派工单发出后，如设计师不能在规定时间完成的，需向派工部门（教师）说明原因

设计任务执行记录（任务 2-9）

任务内容	小户型空间设计施工图输出		
班级		姓名	
任务要求	使用 CAD 或云设计平台绘制施工图并输出图像或 PDF 文件		
施工图电子 文件路径			

设计任务评价（任务 2-9）

评价任务	小户型空间设计施工图输出		
班级		姓名	
任务要求	使用 CAD 或云设计平台绘制施工图并输出图像或 PDF 文件		
评分项目	自评（20%）	互评（20%）	教师评（60%）
施工图完整性			
图纸规范性			
综合分			

设计任务反思（任务 2-9）

任务内容	小户型空间设计施工图输出	
班级		姓名
任务要求	使用 CAD 或云设计平台绘制施工图并输出图像或 PDF 文件	
反思项目	现有问题	整改措施
施工图完整性		
图纸规范性		

任务内容	小户型空间 软装设计（选做）	任务要求	使用 3ds Max 或 Photoshop 进行小户型空间软装设计
派工部门（教师）填写		设计师（学生）填写	
派工日期		接单日期	
计划完成时间		确认完成时间	
派工部门		接单部门（班级）	
派工部门（教师）签字		设计师（学生）签字	

任务执行记录：

1. 派工部门需设计部完成工作时，需要开出派工单，由派工部门主管签字后生效。

2. 任务派工单发出后，如设计师不能在规定时间完成的，需向派工部门（教师）说明原因

设计任务执行记录（任务 2-10）

任务内容	小户型空间软装设计（选做）	
班级		姓名
任务要求	使用 3ds Max 或 Photoshop 进行小户型空间设计软装设计	
软装设计效果图 电子文件路径		

设计任务评价（任务 2-10）

评价任务	小户型空间软装设计（选做）		
班级		姓名	
任务要求	使用 3ds Max 或 Photoshop 进行小户型空间设计软装设计		
评分项目	自评（20%）	互评（20%）	教师评（60%）
陈设设计合理性			
陈设设计美观性			
综合分			

任务内容	小户型空间软装设计（选做）		
班级		姓名	
任务要求	使用 3ds Max 或 Photoshop 进行小户型空间设计软装设计		
反思项目	现有问题	整改措施	
软装设计合理性			
软装设计美观性			

任务内容	小户型空间 舒适系统方案设计（选做）	任务要求	在小户型空间进行舒适系统方案设计 并用 PPT 进行陈述
派工部门（教师）填写		设计师（学生）填写	
派工日期		接单日期	
计划完成时间		确认完成时间	
派工部门		接单部门（班级）	
派工部门（教师）签字		设计师（学生）签字	

任务执行记录：

1. 派工部门需设计部完成工作时，需要开出派工单，由派工部门主管签字后生效。
2. 任务派工单发出后，如设计师不能在规定时间完成的，需向派工部门（教师）说明原因

设计任务执行记录（任务 2-11）

任务内容	小户型空间舒适系统方案设计（选做）		
班级		姓名	
任务要求	在小户型空间进行舒适系统方案设计并用 PPT 进行陈述		
舒适系统方案设计电子 文件路径			

设计任务评价（任务 2-11）

评价任务	小户型空间舒适系统方案设计（选做）		
班级		姓名	
任务要求	在小户型空间进行舒适系统方案设计并用 PPT 进行陈述		
评分项目	自评（20%）	互评（20%）	教师评（60%）
舒适系统方案设计完整性			
舒适系统方案设计合理性			
选做加分			
综合分			

设计任务反思（任务 2-11）

任务内容	小户型空间舒适系统方案设计（选做）		
班级		姓名	
任务要求	在小户型空间进行舒适系统方案设计并用 PPT 进行陈述		
反思项目	现有问题	整改措施	
舒适系统方案设计完整性			
舒适系统方案设计合理性			

任务内容	项目展示		任务要求	制作 PPT 进行整个项目综合展示
派工部门（教师）填写			设计师（学生）填写	
派工日期			接单日期	
计划完成时间			确认完成时间	
派工部门			接单部门（班级）	
派工部门（教师）签字			设计师（学生）签字	

任务执行记录：

1. 派工部门需设计部完成工作时，需要开出派工单，由派工部门主管签字后生效。
2. 任务派工单发出后，如设计师不能在规定时间完成的，需向派工部门（教师）说明原因

设计任务执行记录（任务 2-12）

任务内容	项目展示		
班级		姓名	
任务要求	制作 PPT 进行整个项目综合展示		
展示 PPT 电子文件路径			

设计任务评价（任务 2-12）

评价任务	项目展示		
班级		姓名	
任务要求	制作 PPT 进行整个项目综合展示		
评分项目	自评（20%）	互评（20%）	教师评（60%）
项目展示完整性			
项目展示合理性			
PPT 美观性			
项目陈述流畅性			
综合分			

设计任务反思（任务 2-12）

任务内容	项目展示	
班级		姓名
任务要求	制作 PPT 进行整个项目综合展示	
反思项目	现有问题	整改措施
项目展示完整性		
项目展示合理性		
PPT 美观性		
项目陈述流畅性		

参考文献

［1］陈郡东，赵鲲，朱小斌，等．室内设计实战指南（工艺、材料篇）［M］．桂林：广西师范大学出版社，2021．

［2］孙卉林，宋秀英．居住空间室内设计［M］．北京：中国水利水电出版社，2012．

［3］杨静，郝申．室内陈设设计［M］．北京：中国轻工业出版社，2018．

［4］李劲江，徐姝，唐茜．居住空间设计［M］．武汉：华中科技大学出版社，2017．

［5］古葳，李仁伟，董晓旭．居住空间设计理论与实践［M］．石家庄：河北美术出版社，2015．

［6］闫佳月，董海英，梁芳．家居空间设计［M］．西安：西安交通大学出版社，2013．

［7］崔云飞，朱永杰，刘宇．装饰材料与施工工艺［M］．武汉：华中科技大学出版社，2017．

［8］中华人民共和国住房和城乡建设部．GB/T 50001—2017 房屋建筑制图统一标准［S］．北京：中国建筑工业出版社，2018．